河口盐淡水垂向混合的非静压模拟研究

时健 童朝锋 著

中国水利水电出版社
www.waterpub.com.cn
·北京·

内 容 提 要

考虑动压效应的非静压模型是近年河口海岸数值模型研究的热点。非静压模型适用于局部地形剧烈变化、密度分层等垂向流速变化较快区域的模拟，但也存在计算极为耗时的问题。本书针对非静压模型的这一问题，提出了提高非静压模型计算效率的 PDI 方法；验证了 PDI 方法对于非静压模型精度和计算效率的影响。结果显示：PDI 方法可在不影响非静压模型计算精度的前提下，大幅提高非静压模型的计算效率；垂向压力网格在减小 90％ 情况下，求解泊松方程的时间可减少了 84％。利用改进的非静压模型，研究了超临界分层流受沙脊地形影响紊动拟序结构的衍化过程。建立了长江口北槽垂向二维非静压模型，模拟了长江口北槽的一次枯季大潮过程，模型能够较准确地模拟长江口北槽径流、潮流引起的盐淡水混合过程，并首次捕捉到长江口北槽盐跃层 Kelvin - Helmholtz 涡的存在。

本书涉及内容为河口海岸研究专业领域内容，适合港口、海岸与近海工程、海洋科学等相关学科本科及以上专业人员阅读参考。

图书在版编目（CIP）数据

河口盐淡水垂向混合的非静压模拟研究 / 时健，童朝锋著. -- 北京：中国水利水电出版社，2018.12
ISBN 978-7-5170-7312-3

Ⅰ. ①河… Ⅱ. ①时… ②童… Ⅲ. ①河口—盐水入侵—水动力学—数值模拟—研究 Ⅳ. ①TV148

中国版本图书馆CIP数据核字(2018)第298017号

书　　名	河口盐淡水垂向混合的非静压模拟研究 HEKOU YANDANSHUI CHUIXIANG HUNHE DE FEIJINGYA MONI YANJIU
作　　者	时　健　童朝锋　著
出版发行	中国水利水电出版社 （北京市海淀区玉渊潭南路 1 号 D 座　100038） 网址：www. waterpub. com. cn E - mail：sales@waterpub. com. cn 电话：(010) 68367658（营销中心）
经　　售	北京科水图书销售中心（零售） 电话：(010) 88383994、63202643、68545874 全国各地新华书店和相关出版物销售网点
排　　版	中国水利水电出版社微机排版中心
印　　刷	天津嘉恒印务有限公司
规　　格	170mm×240mm　16 开本　10.25 印张　179 千字
版　　次	2018 年 12 月第 1 版　2018 年 12 月第 1 次印刷
定　　价	**68.00 元**

前　言

　　数学模型是河口水动力及物质运输过程研究不可或缺的研究工具。目前河口的盐淡水混合数值模拟研究基本都采用静压模型，忽略了控制方程的动压项，这在垂向流速相对水平流速很小的情况下是合理的。利用静压模型对径流、潮流等动力过程的研究已经取得了很多成果，但在局部地形剧烈变化、盐淡水高度分层等垂向流速变化较快的区域，静压模型模拟存在较大误差。近年来随着观测技术的发展，出现了很多对于河口盐淡水混合过程中盐跃层附近 K - H (Kelvin - Helmholtz) 不稳定性及紊动的现场实测数据，前人通过分析认为在盐跃层附近 K - H 不稳定性是盐淡水垂向混合及盐跃层紊动的主要影响因素，静压模型由于忽略动压项，对垂向流速的计算存在误差，难以应用于 K - H 不稳定性的模拟中。因此，非静压模型逐渐成为河口海岸数值模型研究的热点。目前，非静压模型发展的主要瓶颈是计算效率较低，难以进行大范围的三维计算，所以提高非静压模型计算效率就成为非静压模型发展的主要方向。

　　针对以上问题，本书首先对河口盐淡水混合的研究及非静压模型的发展进行了综述。通过假设动压值的计算，特别是垂向分布的计算，不需要特别精细的网格，提出了提高非静压模型计算效率的 PDI (Pressure Decimation and Interpolation) 方法，并对该方法进行了验证；在此基础上利用非静压模型研究了地形突变引起的分层流紊流拟序结构衍化过程，并建立了长江口北槽垂向二维非静压数学模型，模拟了长江口北槽枯季大潮期间盐淡水混合过程，成功捕捉了长江口北槽 K - H 涡的形成过程。

河口盐淡水混合物理机制复杂，非静压模型也尚处在初期发展阶段，书中研究成果仅为初步研究成果，希望本书能够为大家提供一种新的研究思路和手段。

　　感谢国家重点研发计划重点专项（2017YFC0405401），国家自然科学基金重点项目（51339005），国家杰出青年科学基金项目（51425901），国家自然科学基金青年项目（41706087），江苏省自然科学基金青年项目（BK20170867）对本书的资助。

作者

2018 年 12 月

目 录

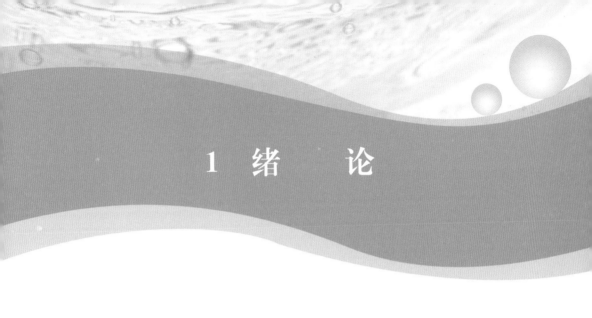

1 绪 论

1.1 研究背景

河口地区盐淡水混合问题不仅影响河口的水质、泥沙运动特性及三角洲的发展（罗小峰，陈志昌，2004；童朝锋 等，2012；郑金海，诸裕良，2001），而且直接关系河口城市的用水，影响居民的生产生活用水及社会的可持续发展。我国河口城市经济发达、人口密集，但经济的发展也伴随河口水污染问题的日益突出。同时由于上游大型水利工程的建设及用水量的增加，使得上游来水减少，潮汐动力相对增强，从而加剧河口地区的盐水上溯，盐水入侵引起的河口城市水质型缺水问题也逐年增多，河口城市取水问题的解决也有待盐淡水混合机制的研究成果。因此，充分研究盐淡水混合问题有利于高效合理的利用水资源，促进社会经济可持续发展。

河口位于河流与海洋的过渡段，径流与潮汐的相互作用形成了河口区域独特复杂的水动力环境。周期性的潮汐作用，产生了盐淡水周期性的分层与混合。不同的垂向盐度分布，改变了流速的垂向结构，从而影响底部水流紊动特征，影响泥沙的起动、絮凝与沉降，并最终影响河口三角洲的发展。目前盐淡水混合问题的主要研究手段有：现场观测、物理模型和数学模型。数学模型能够高效、全面的提供盐度的时间及空间分布，且费用较低，因此日益成为盐淡水混合研究的重要手段。

Navier－Stokes 方程是黏性不可压缩水流运动最基本的控制方程，可以准确描述各类水动力过程，但是由于直接求解 Navier－Stokes 方程比较耗时，现有的计算条件不能满足工程应用的需要。实际工程中往往需要对 Navier－Stokes 方程进行简化，近岸区域波浪传播变形的模型一般应用

Boussinesq 类波浪模型，例如 FUNWAVE、MIKE BW 等，这类模型的优点是计算速度快，波浪计算精度能够达到工程应用的要求，但同时存在一些缺点和不足，例如：Boussinesq 类波浪模型多基于势流理论，无法模拟流体的有旋运动，这在波浪破碎时会引入计算误差，同时此类模型在波浪非线性较强及地形剧烈变化的区域稳定性较差。在潮流、泥沙、温盐等的模拟中，一般认为近岸水体大多具有宽浅特性，数学模型大多基于静压假设，即求解忽略动压项的 Navier‑Stokes 方程，但在地形剧烈变化、密度梯度较大、水流急剧变化等具有垂向较大加速度的区域，静压模型难以准确模拟水动力变化。非静压模型的出现弥补了静压模型在盐淡水混合问题上的缺陷，有利于加深对于河口地区盐淡水混合机理的研究的认识。

近年来，非静压模型逐渐成为河口海岸数值模拟研究的新方向。非静压模型通过直接求解 Navier‑Stokes 方程，可以准确模拟波浪、潮流的传播变形及物质输运过程，能够适应地形及密度剧烈变化区域的模拟。现有的非静压模型大多采用分步法，即单独计算压力的动压部分与静压部分，求解动压时需解泊松方程，此部分在非静压模型中最为耗时，严重影响了非静压模型的计算效率及应用范围。目前对于非静压模型计算效率提高的方法还不完善，因此亟需研究非静压模型泊松方程的简化求解方法，以期提高非静压模型的计算效率。

1.2　研究意义

数学模型是河口海岸水动力研究的重要手段，20 世纪 90 年代末以来提出的非静压模型，是在传统的波浪及水流模型基础上，发展出的一种直接求解不可压缩 Navier‑Stokes 方程的数学模型。由于考虑动压力的作用，非静压模型在地形剧烈变化、盐度分层、水流急剧变化区域有着广阔的应用前景。目前的非静压模型的研究主要集中于正压模型，对于具有弥散性的波浪模拟比较多，但考虑非静压作用的斜压模型还很少，这是由于盐度、泥沙等物质输运的模拟需要较多的垂向分层，目前非静压模型对于大范围三维模拟需要较强的运算能力，这成为非静压模型扩展应用范围的主要阻碍。本书首先针对非静压模型求解泊松方程的计算网格进行简化，旨在不影响非静压模型计算准确度的前提下提高计算效率，对于扩展非静压模型应用范围有着重要意义。

河口地区是海洋与河流的交汇区域，由于盐淡水的密度差异，径流与潮流强弱的不同，易形成表层低密度流体向海，底层高密度流体向陆的盐水楔。同时由于潮汐及径流量的变化，形成了盐淡水混合的大小潮及洪枯季周期性变化（金元欢和孙志林，1992）。盐淡水周期性的分层与混合现象，不仅影响河口地区的流速分布、泥沙特性及地貌演变，而且直接关系河口地区水质，影响周边城市的取水及排污，关系河口城市的社会经济发展，所以一直备受海岸工程研究者的关注。本书采用非静压数学模型，研究河口盐淡水的垂向混合问题，主要侧重于盐跃层附近紊动和 K－H 不稳定性的研究，对于加深河口盐淡水垂向混合的认识具有重要意义。

1.3   国内外河口盐淡水混合过程的研究

河口地区是海洋与河流的交汇区域，水体同时受海陆相互作用，伴随潮流的周期性变化，潮流与径流的相互作用致使水体呈现周期性的分层和混合。垂向上的分层和混合影响水体动量和能量交换，对于盐度、泥沙以及污染物的扩散、输移和分布有重要影响。盐度和温度差异都可引起密度分层，但在河口区域，盐度引起的分层占主导（Geyer 和 Ralston，2011）。根据河口径流和潮流的相对强弱和盐度分布，可将河口分为高度分层型、部分混合型和充分混合型三种。图 1－1 为河口盐淡水混合示意图，在河口区域，上游淡水下泄到海中，海水则沿河口上溯，由于密度差异，密度较小的淡水从上层下泄，而密度大的海水居于下层，就形成了如图所示的盐水楔，盐淡水分层明显，同时由于潮流的周期性变化，盐淡水的分层和混合也呈现周期性的特征。

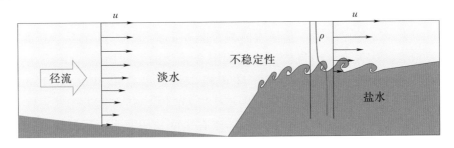

图 1－1   河口盐淡水混合示意图

河口受径流、潮流、风、波浪等动力因素影响，且水下地形复杂，加之潮流与径流周期性、季节性的变化，使河口水体的分层混合规律异常复杂。因此，理解和认识河口盐淡水的分层混合规律，需要从分析影响盐淡水分层混合的动力因素开始。

1.3.1 影响盐淡水混合的动力因素

在河口区域，影响盐淡水分层混合的主要动力因素有径流、潮流、波浪和风。

（1）径流。径流主要通过径流量的大小及季节变化影响河口盐淡水的分层混合过程。径流与潮汐的不同组合，可在同一河口形成不同的混合类型，甚至由于河口不同汊道分流比的不同，在不同汊道间也出现不同的混合类型，如长江口北支由于径流分流量较小，潮流作用增强，属于强混合型；而南支径流量较大，基本属于缓混合型，但在枯季大潮盐淡水混合比较强烈，属于强混合型，在洪季小潮混合较弱，属于弱混合型。

（2）潮流。潮流通过两种方式影响盐淡水的垂向混合：一是在水体底部通过底摩阻引起的紊流促进垂向混合；二是通过潮流与地形相互作用产生的垂向环流。另外涨落潮历时、潮差、流速和流向也会对河口盐淡水分层混合产生影响。

（3）波浪和风。波浪和风应力是在河口海岸地区普遍存在的动力因素，其对盐淡水分层混合、岸滩演变等物理现象都存在影响。波浪和风应力的存在会对水体的流速分布产生影响，从而影响盐淡水的输移。在风暴潮期间和水域宽阔的河口，波浪和风的影响不容忽视，是影响盐淡水的分层混合的重要因素。

1.3.2 剪切不稳定性对于盐淡水混合的影响

如图 1-1 所示，盐淡水从分层到混合的过程，盐跃层附近一系列由于速度梯度引起的不稳定性对于盐淡水的混合起着重要作用，甚至有学者指出剪切不稳定性是大气海洋中流体由分层到混合转化的控制因素（Geyer et al.，2010）。剪切不稳定性也称为 K-H 不稳定性，最早由 William Thomson（Lord Kelvin）和 von Helmoltz 分别于 1871 年和 1868 年提出。K-H 不稳定性是指在有剪切流速的连续流体内部或有速度差的两个不同流体的界面之间发生的不稳定现象。图 1-2 为 K-H 不稳定性产生示意图，考虑两种密度不同的流体，密度大的流体在底部，速度低，密度小的流体在上部，速度高，这就在界面形成了剪切层。K-H 不稳定性主要是密度界面附近浮力和剪切应力相互作用的结果，其中浮力促使不同密度流体分层，而剪切应力促进混合。如图 1-2（b）所示，当密度界面附近剪切应力足以克服浮力时，

会现在密度界面形成波状扰动，
此时一部分底层重流体被带入上
层轻流体里面，由于流体的连续
性，一部分上层流体也被带入底
层流体中，不同密度流体交换了
位置和速度，这就形成了不同流
体间的混合。

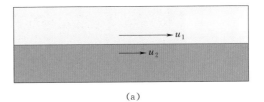

(a)

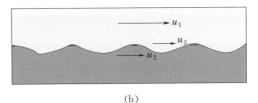

(b)

图 1-2　K-H 不稳定性产生示意图

（u_1，u_2，u_3 表示分层流不同

位置处的水质点流速）

　　在密度界面波状扰动形成后，
在波谷处的低密度流体速度小于
上层流体速度（$u_3 < u_1$，图 1-
2），根据伯努利方程，波谷处的
局部压强变大，水质点受压力作
用进一步减速，并可能形成反方

向流速；同样的，在波峰处的流体速度大于底部高密度流体，在波峰处就形
成了局部低压区，水质点受压力影响进一步加速进入上层低密度流体。波状
扰动引起的局部压力变化会进一步促进密度界面的扭曲变形，最终形成 K-
H 涡。K-H 不稳定性和 K-H 涡是自然界中很普遍的现象，广泛存在于大
气、海洋中，图 1-3 分别为海洋和大气中的 K-H 涡。

　　（1）K-H 不稳定性的理论研究。

　　K-H 不稳定性理论研究始于 Thomso（Kelvin）在 1871 年利用 K-H
理论研究海洋中风生浪机制和 von Helmholtz（2006）在 1890 年对于大气中
云带的研究。最早的物理模型试验始于 Reynolds（2011）于 1883 年对于流
速梯度引起的不同密度流体界面扰动的研究，试验中成功捕捉到界面波状扰
动的产生，而 K-H 涡的形成则直到 1971 年才由 Thorpe（2006b）通过物理
试验观测到。

　　Taylor（1927；1931）和 Goldstein（1931）基于欧拉方程推导了连续稳
定分层状态下的 K-H 不稳定性的控制方程，方程中忽略了黏性和扩散项，
这就是著名的 Taylor-Goldstein 方程。Taylor-Goldstein 方程是二阶偏微分
方程，常被用于分析分层流的稳定性，利用 Taylor-Goldstein 方程进行分层
流稳定性的分析统称为线性稳定性分析方法。Sun et al.（1998）分析了 K-
H 不稳定性对深层赤道洋流紊动混合的影响；Moum et al.（2003）对美国
俄勒冈州近海大陆架区域内波的观测数据利用线性稳定性分析方法，揭示了
当 K-H 不稳定性发生及内波破碎时密度界面的衍化过程；Moum et al.

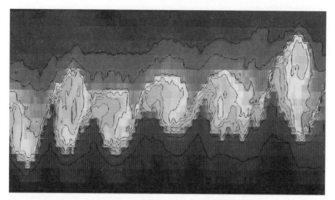

(a) 大西洋深500m处K-H涡（拍摄者：Lgostiau）

(b) 大气中的K-H涡（拍摄者：Brooks Martner）

图 1-3　海洋和大气中的 K-H 涡

（2010）和 Smyth et al.（2010）对观测数据进行了线性不稳定分析，发现 K-H 剪切不稳定引起的内波频率与观测到的密度和速度抖动频率是一致的。

　　Taylor-Goldstein 方程提供了分析 K-H 不稳定性的线性方法，但对于 K-H 产生的条件并没有准确地描述。因此，20 世纪许多学者对于 K-H 产生的临界条件进行了研究，其中最著名，也是被广泛采用的是理查德森数（Ri）准则。理查德森数表示浮力与惯性力的比值，也被用于表征密度分层的强弱。Miles（1961）和 Howard（1961）根据 Taylor-Goldstein 方程，推导了 K-H 不稳定性存在的临界条件——$Ri<0.25$。需要注意的是 $Ri<0.25$ 是 K-H 存在的必要条件，即 K-H 产生的区域 $Ri<0.25$，而 $Ri<0.25$ 区域不一定伴随 K-H 不稳定性的发生，因为这一临界条件是在水平稳定分层条件下推导的。很多学者对于理查德森数的临界值取值也进行过讨论。Hazel（2006）认为平行稳定分层流不稳定性的临界理查德森数为 0.22～

0.25，Fructus et al.（2009）、Barad 和 Fringer（2010）、Lamb 和 Farmer（2011）分别通过物理模型和数值模拟研究了 K-H 不稳定性产生的条件，认为 $Ri<0.1$ 时 K-H 涡才能形成。Fructus（2009）提出了判定 K-H 不稳定性发生的另一临界条件，$L_x/\lambda \geqslant 0.86$，其中 L_x 表示 $Ri<0.25$ 区域长度，λ 为内波波长的一半；此外 Troy 和 Koseff（2005）通过 Taylor-Goldstein 方程求解 K-H 不稳定性的增长率，以此作为 K-H 不稳定性发生的判定条件，但这一方法比较复杂，需求解 Taylor-Goldstein 方程，所以应用较少。总之，K-H 不稳定性产生的判定条件存在不同的标准，但由于理查德森数准则计算比较简单，应用最为广泛，对于临界值的取值可以根据实际情况进行调整。

大气、海洋中的 K-H 不稳定性比较复杂，涉及不同密度流体的分层混合、且 K-H 涡具有明显的分形特性，常常伴随次级 K-H 涡的产生，这就给 K-H 不稳定性的理论研究带来了很大困难，因此对于 K-H 不稳定性的研究更多的是通过现场实测、物理模型及数值模拟的方法。

（2）K-H 不稳定性的现场观测。

海洋中 K-H 涡的观测始于 1968 年 Woods（2006）对于地中海温跃层内波和 K-H 涡的观测，通过释放染色剂，Woods 成功捕捉到大尺度内波及伴随的小尺度 K-H 涡的存在。但海洋中直接对于 K-H 不稳定性的观测很少，此后更多的观测是通过分析声波反向散射强度得到的（Lamb，2014），对于 K-H 不稳定性的观测主要集中于具有明显分层的河口及深海温跃层区域。

河口盐淡水混合过程中 K-H 不稳定性的观测存在诸多难点，比如垂向 K-H 的尺度较小，垂向需要较高的分辨率；再者垂向的混合过程与水平向的对流过程很难区分，这就造成在河口区域 K-H 不稳定性的观测较少。Geyer 和 Smith（1987）、Geyer 和 Farmer（1989）、MacDonald 和 Horner-Devine（2008）对加拿大 Fraser 河口进行了高分辨率的流速和密度观测，认为 K-H 不稳定性影响河口盐水入侵过程，是分层河口盐跃层附近垂向混合的主要动力机制。Zhou（1998）对美国 Hudson 河口盐淡水混合过程进行了观测，在盐跃层附近观测到 K-H 不稳定性的产生；Bourgault et al.（2001）对加拿大 St. Lawrence 河口进行了观测和数值模拟，结果显示 K-H 不稳定性主要发生在涨潮时段，K-H 不稳定性的发生伴随河口盐淡水的剧烈混合。中国对于河口盐淡水混合的观测多采用定点观测或者横断面观测的手段，目前未见 K-H 不稳定性的观测结果，Pu et al.（2015）通过对长江口北槽实测盐度和流速数据进行分析，计算了洪季和枯季北槽各分段的理查德森数，结果显示在北槽中段和下段盐跃层附近理查德森数较小，存在 K-H 不稳定性发生的可能，K-H 不稳定性可能是长江口垂向盐淡水混合的重要动力因素。

对于河口 K-H 涡的尺度，不同河口的实测结果不尽相同。Geyer 和 Farmer（1989）在加拿大 Fraser 河口测得的 K-H 水平尺度约为 10m，垂向尺度约为 1m 见图 1-4（a）；Bourgault et al.（2001）对加拿大 St. Lawrence 河口的观测得到水平尺度 140～150m，垂向尺度 10～25m 的 K-H 涡；Tedford et al.（2009）同样对加拿大 Fraser 河口测量数据进行分析，得到的 K-H 涡水平尺度随径流和潮流的大小而改变，水平尺度在 10～65m 变化见图 1-4（b）。

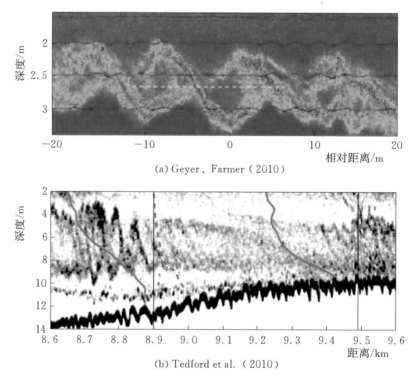

(a) Geyer、Farmer（2010）

(b) Tedford et al.（2010）

图 1-4　加拿大 Fraser 河口 K-H 涡现场实测图

随着观测手段的发展，声波反向散射强度图像的分辨率逐渐提高，对于河口 K-H 不稳定性的观测也能分辨出 K-H 涡的边界和内核区。Lavery, et al.（2009）对美国康涅狄格州 Connecticut 河口进行了观测，这一观测不仅观察到 K-H 涡的内部结构，还证实了次级 K-H 涡的存在（Geyer et al.，2010），同时证明了 Corcos 和 Sherman（2006）的推论——在高雷诺数水流中，K-H 涡边缘次级 K-H 不稳定性是不同密度流体混合的重要动力机制。

总之，K-H 不稳定性是大气、海洋中普遍存在的现象。在河口盐淡水混合过程中，前人利用示踪剂或者声波测量的方法已经证明了 K-H 涡的存在，对于 K-H 涡的尺度目前还没有统一的认识，观测数据得到的水平尺度在 10～150m 的范围内。国内对于 K-H 不稳定性的观测还是空白，未见 K-H 涡的直接观测图像，但是通过对长江口北槽现有盐度、流速观测结果的分析，认为长江口北槽中段、下段盐跃层附近存在 K-H 不稳定性发生的可能。

（3）K-H 不稳定性的物理模型研究。

模拟 K-H 不稳定性现象的物理试验比较简单，一般是在一个倾斜的水槽中预先充满两层密度相差不大的流体，在水槽恢复水平的过程中，可以在密度界面观测到 K-H 涡的形成（Caulfield et al.，1996；Reynolds，2011；Thorpe，2006a）。这些试验水流流速都较小，是在较低雷诺数 $Re = u\delta/v$ 下进行的，能够观测到 K-H 涡的形成过程以及紊动所致 K-H 涡的破碎过程。但是不同雷诺数水流中，K-H 涡的紊动混合机制有所不同，在低雷诺数下，紊动混合主要在 K-H 涡内部产生；在高雷诺数水流中，由于次级 K-H 不稳定性的产生，紊动混合在 K-H 涡边缘及内部都比较剧烈。现实大气、海洋中，尤其在河口区域，水流流速较大，雷诺数也较大，所以以上的物理模型实验只能部分反映现实中 K-H 涡的混合过程。Atsavapranee、Gharib（1997）指出，在物理模型试验中当雷诺数约为 2000 时，可以观测到次级 K-H 涡的产生。总之，河口区域 K-H 不稳定性的发生比较复杂，涉及径流、潮流、盐淡水混合等多种物理过程，目前的物理试验手段仅对低雷诺数下较简单的双层流密度界面产生的 K-H 不稳定性进行过试验研究，与实际中的 K-H 不稳定性的产生过程差别较大。

（4）K-H 不稳定性的数值模拟。

受制于计算条件的限制，最早的 K-H 不稳定性的数值模拟研究是通过垂向二维模拟实现的（Klaassen，Peltier，1985；Patnaik et al.，2006），这些研究能够模拟 K-H 涡的产生，但对于紊动引起的 K-H 涡三维衍化无能为力。20 世纪 90 年代开始，随着计算机的发展，首先在大气领域开始出现对于 K-H 不稳定性的三维模拟（Caulfield，Peltier，1994；Scinocca，

1996)，在 90 年代末海洋数值模拟中也出现了 K－H 不稳定性的算例（Smyth，1999）。

根据模拟尺度的不同，K－H 不稳定性的模拟方法主要分为直接数值模拟（DNS）和非静压模型模拟。DNS 方法可以模拟 K－H 涡衍化过程中的精细三维结构，但是计算量较大，不能模拟实际存在的大尺度 K－H 不稳定性现象，适合理想算例的模拟。DNS 对于 K－H 不稳定性的模拟，可以采用精细的网格，精确模拟小尺度的紊动，揭示了 K－H 涡及次级不稳定性引起的非线性紊动衍化过程（Caulfield 和 Peltier，2000；Staquet，2000），同时也发现 K－H 涡的出现使不同密度流体混合的速率显著提高，且在 K－H 涡边缘混合强度最大（Smyth et al.，2001；Staquet 和 Bouruet－Aubertot，2001）。非静压模型由于考虑动压作用，适合研究 K－H 不稳定性问题，相比 DNS 模型计算效率较高，因此成为近年 K－H 不稳定性数值模拟的热点。非静压模型对于 K－H 不稳定性的模拟也是从垂向二维开始的，最经典的算例是盐淡水混合的 Lock－Exchange（LE）算例，很多学者利用非静压模型对此算例进行了模拟（Bourgault 和 Kelley，2004；Fringer et al.，2006；Lai et al.，2010；Ma et al.，2013），并将非静压模型结果与 DNS 模型结果进行了对比（Kanarska 和 Maderich，2003），结果显示非静压模型计算结果与 DNS 模型计算结果相同，且计算效率得到显著提高；二维算例计算效率较高，但是对 K－H 涡的衍化过程的简化，无法体现涡及紊动的三维变化特征，因此也出现了非静压模型对于 K－H 不稳定性的三维模拟算例。Özgökmen et al.（1953；2004；2009）对水底重力流进行了三维模拟，计算结果与二维模型及物理试验结果进行了对比，三维模型结果与物理试验结果吻合较好，对于流速的模拟二维模型要偏低 20%，三维算例还首次模拟了底部重力流引起的 K－H 不稳定性的三维形态；（Berselli et al.，2011）利用大涡模拟（LES）模型模拟了高雷诺数（$Re=10000$）下三维 K－H 涡的形态。

由于非静压模型相对 DNS 模型计算效率的显著提高，使利用非静压模型对大尺度 K－H 不稳定性的模拟成为可能，目前这方面的研究还较少。Özgökmen et al.（2002）对红海北水道温度所致分层混合过程进行了垂向二维非静压模拟，模型计算结果与实测值吻合较好，模型能够反映温跃层内波与剪切应力所致混合间的相互作用，但由于水平网格取为 73m，不能模拟出 K－H 涡的细部结构；Wang et al.（2009）利用非静压模型 SUNTANS 对中尺度河口盐淡水混合过程进行了高精度模拟，水平方向网格尺度最小为 8m，通过对比非静压模型与静压模型计算结果，Wang 等认为对于高精度模拟，非静压效应不可忽略，非静压项对于河口大尺度的潮流、径流的模拟影响较小，但是对于盐淡水分层混合中出现的小尺度结构模拟显得至关重要；Vlasenko et al.（2013）对美国 Columbia 河口冲淡水过程进行了高精度模拟，所用的非静压模型为 MITgcm，水平精度约为 12.5 m，模型捕捉到河口内波的形成和衍化过程，结果与 Nash 和 Moum（2005）的观测结果一致。因此，非静压模型能够模拟河口复杂的盐淡水混合过程，使用约为 10m 的水平精度进行模拟，可以准确地模拟河口盐淡水混合过程中内波的传播及剪切应力引起的混合，但是对于 K-H 涡细部结构的模拟还很少，需要更加精细的网格。

1.3.3 河口海岸水动力非静压模型的发展

河口海岸地区数学模型的发展得益于计算机技术的进步，从 20 世纪 60 年代至今，经历了从一维模型到三维模型的发展。最初的数学模型主要用于洪水预测，此后随着计算机的发展和数学模型理论的进步，更加全面成熟的一维数学模型开始出现（Havnø et al.，1995），并被应用于河口盐度、泥沙输运（李义天和尚全民，1998；时钟和陈伟民，2000）、地貌变化（韩其为和何明民，1987）、水环境治理（童朝锋 等，2002）中。由于实际河口的水动力变化是三维的，一维模型难以准确模拟河口地区的水动力环境变化过程，因此二维、三维模型相继出现。一般认为河口海岸地区水体具有宽浅特性，即水平尺度的运动远大于垂向尺度，可以将三维水流运动方程在垂向上进行积分，得到垂向平均的二维浅水方程来近似模拟河口地区的水流运动。平面二维模型（Warren 和 Bach，1992）已经在河口地区得到广泛应用，能够比较准确地模拟河口的潮动力过程及盐度泥沙等的输移过程。三维模型计算比较耗时，但是由于能够提供流速、盐度泥沙等的垂向分布特征，能够更真实地反映实际河口的水动力变化特性，因此也得到了长足发展，典型的模型有 ROMS（Shchepetkin 和 Mcwilliams，2005），Delft3D（Stelling，1983），FVCOM（Chen et al.，2003），GETM（Jankowski，1999），HHU-ECR3D（Zheng et al.，2002）等。

为简化模型计算，提高三维模型的计算效率，根据河口水体的宽浅特性，一般认为垂向流速远小于水平流速，所以这类模型普遍采用静压假设。静压假设是指在模型计算时，忽略水体的垂向加速度，认为垂向静压力梯度与重力加速度平衡，只考虑静压的作用。同时由于盐度、泥沙等物质输移的模拟，垂向需要相对精细的网格，为提高计算效率，静压模型普遍采用模式分裂法求解控制方程。模型计算时，将控制方程分为沿垂向积分的二维模式（外模式）和计算垂向分布的内模式。在外模式中，模型求解二维连续性方程与动量方程计算水位和垂向平均流速，由 CFL（Courant - Friedrichs - Lewy）条件限制，模型需要较小的时间步长模拟重力波。内模式计算底部应力、斜压项和对流项，并通过流速、底部应力、斜压项与对流项的垂向积分校正外模式。由于内波相对小的速度值，内模式可采用较大的时间步长。通过内外模式的设置，模型可以采用相对较大的时间步长，相比完全三维计算，模型可节省很大的计算量。如今，三维静压模型已广泛地应用于河口海岸的工程实际和相关研究中。

基于尺度分析，Mahadevan et al.（1996）认为静压模型适用于中尺度（水平尺度 10～100km）以上的物理过程模拟，对于具有地形剧烈变化、盐度分层、水流急剧变化等垂向流速与水平流速相当的区域，动压对水动力的影响明显，静压假设不再适用。传统的静压模型难以精确模拟非静压作用产生的高频表面波、内波及剧烈的垂向混合。由于静压模型中垂向流速由连续性方程计算得到，水平方向的计算误差会传递到垂直方向，并导致误差的放大。相比于静压模型，非静压模型在垂向加速度不能忽略的水流（如波浪、强分层流等）的模拟中独具优势；同时相比传统的直接求解 Navier - Stokes 方程的模型，非静压模型通过假设流体自由表面水位值是水平坐标的单值函数，不需在模型中加入自由水面追踪技术［如 MAC（Harlow，Welch，1965）、VOF(Hirt，Nichols，1981；Bradford，2000)，从而提高了计算效率。因此，近年来非静压模型得到了快速发展，已被应用于计算表面波、内波、内潮及近岸密度流模拟中。

非静压模型的发展始于 20 世纪 90 年代末期，得益于电脑科技的飞速发展。1998 年，由 Casulli、Stelling（1998），Stansby、Zhou（2015）首先提出将压力值分为静压部分跟动压部分，并在模型中用分步计算的分步法，此方法促进了非静压模型的产生和发展，这一时期的非静压模型称为传统非静压模型（Casulli，1999；Lin，Li，2002）。此模型的网格设置采用交错网格，垂向上压力值被放置在网格中央（Chen et al.，2003；Namin et al.，2015），因此在最上部网格点与自由表面间存在半个网格的间距，无法直接应用自由表面压力边界条件。通常做法是在这半个网格中假设压力符合静压假设，而表面波引起的动压值在自由水面处以下很小区域达到最大值，并随着深度的增大而迅速减小（吴永礼，2013），所以这一假设会引入误差，从而影响非静压模型对波浪的模拟精度。为减小这一假设的影响，在波浪模拟中一般需要 10～20 层垂向网格才能较准确地模拟表面波浪的传播变化过程，这增加了非静压模型的计算时间，因此这一阶段非静压模型的发展较慢。减少非静压模型精确计算所需的垂向网格数成为这一时期非静压模型的发展方向，Young 和 Wu（2009；2010）利用 Boussinesq 方程优化动压在最上层的分布，准确模拟了表面波动。Yuan 和 Wu（2004a；2004b）通过在顶部网格对速度进行积分求得最上层网格的动压分布，精确模拟了高频波浪的传播过程，并与传统非静压模型对比，得出最上层动压值应用静压假设严重影响非静压模型计算精度的结论。Stelling 和 Zijlema（2003）提出了 Keller - box 模式，该模式在垂直方向将动压值设置在网格界面，从而在顶部网格动压值的表达不需要任何假设，可以直接应用自由表面边界条件。这些方法的提出显著减少了非静压模型计算所需的垂向网格层数，均可采用相对较少的层数（3～5 层）模拟高频波，从而大幅提高了非静压模型的计算效率。此后，非静压模型进入了快速发展时期，不仅出现了 NHWAVE（Ma et al.，2012）、SWASH（Casulli，1999；Zijlema et al.，2011）、SUNTANS（Fringer et al.，2006）等全新的非静压模型，也出现了很多将现有静压模型考虑非静压效应的研究（Auclair et al.，2011；Kanarska 和 Maderich，2003）。

发展至今，海岸工程领域非静压模型有以下三个共有特征。一是都采用分步法：将压力值分为静压部分和动压部分，模型的控制方程为不可压缩 Navier - Stokes 方程，静压项参与动量方程的计算，动压值由压力泊松方程计算得到。具体步骤为：在模型计算的每个迭代过程，首先通过求解不含动压项的动量方程得到速度过渡值（u^*），然后将 u^* 代入压力泊松方程，求解得到动压力值（p），并用 p 修正 u^* 得到真正的速度值（u）。也有另一种分步法，步骤为在求解动量方程时代入上一个时间步的动压值，然后通过泊松方程求解动压值的增量。这两种方法在本质上是相同的，仅在迭代次数上会有差异。非静压模型的第二个共有特征是控制方程离散格式都采用 Godunov 型的有限体积法，这是由于非静压模型主要的针对区域为近岸区域，模型需有激波捕捉能力，Godunov 格式可以提供 Riemann 问题的精确解和近似解，从而精确模拟波浪破碎等（Bradford，2011；Zijlema 和 Stelling，2008）非连续问题。第三个特征是大多数非静压模型垂向采用 σ 坐标，这是由非静压模型的适用区域决定的，非静压模型适用于垂向流速变化较大的区域，采用 σ 坐标可使模型能够更好地适应地形变化的需要。

非静压模型的发展也得到了中国学者的关注，艾丛芳（2008）采用半隐、分步法建立了具有自由表面的三维非静压模型，通过对波浪浅水变形、折射、绕射等现象的精确模拟，验证了非静压模型的有效性及静压模型的局限性。吕彪（2010）基于非结构网格建立了可以模拟具有自由表面的二维、三维水波运动的数值模型，在表层采用对垂向动量方程积分的方式得到表层动压值的分布，从而可采用较少的垂向分层模拟波浪的传播过程，提高了模型的计算效率。陈同庆（2012）对非静压模型 SUNTANS 在水平涡黏系数的计算方法和网格参数的计算方面进行了优化，提高了模型的稳定性，并应用改进的模型模拟了我国南海东北部孤立波的形成和发展过程。邹国良、张庆河（2012；2014）研究了非静压模型无反射造波问题及非静压模拟与大范围波浪谱模型的嵌套问题。张娜、邹国良（2015）应用非静压 SWASH 模拟规则、不规则波作用下的波浪在斜坡上的传播变形、破碎与越浪过程，得到了较好的计算结果，为防浪建筑物越浪量的计算提供一种新的数值研究手段。房克照等（2015）建立了非静压模型模拟波浪破碎问题，并借鉴 Boussinesq 波浪模型中处理破碎波浪的思路，通过引入波浪破碎指标，将破碎波处理为间断，由静压步中的非线性浅水方程自动捕捉，并得到了较好的计算结果。

非静压模型在求解三维问题时，计算量较大，所以一般采用并行技术提高计算效率。目前非静压模型的并行计算主要是在 CPU 上实现的，多基于 MPI（Message Passing Interface）并行技术。但即使非静压模型普遍采用并行计算，在非静压模型的大范围计算模拟时，计算网格还是偏多，计算时间步长很小，计算非常耗时，因此相关应用局限于以垂向二维或小范围的三维算例（Marshall et al.，1997；Plant et al.，2009）。非静压模型计算耗时较多的主要原因是在分步法过程中，求解泊松方程极为耗时，一般占总时间的 30%～50%。在计算网格比较多时，求解泊松方程的机时占总机时的比重会迅速增加，在 NHWAVE（Ma et al.，2012）模型算例中，求解泊松方程的时间最多占总耗时的 70% 以上。提高非静压模型计算效率是非静压模型发展的必然方向，也是非静压模型扩展应用范围的必经之路。有很多学者提出了替代泊松方程的方法，从而不需求解泊松方程，提高计算效率，其中代表性的方法为直接将动量方程在垂向积分求得动压值在水平向的梯度值（Dietrich 和 Lin，2002；Johns，1991；Johns 和 Xing，1993；Li 和 Johns，2015）。此方法的优点是不需要计算泊松方程，且采用显式计算，计算效率较高。Klingbeil 和 Burchard（2013）通过将此方法应用于三维模型 GETM，对此方法进行了验证。结果表明此方法在满足不可压缩性与动量平衡的前提下会影响模型的稳定性，需要应用过滤器压制模型的不稳定性，除此之外，模型收敛需要比较多的循环次数，这增加了模型的计算时间。因此，直接垂向积分求解动压值的方法仅能应用于弱动压作用的算例，不能替代采用分步法的非静压模型。

简化泊松方程的计算也是提高非静压模型计算效率的有效途径。Berntsen 和 Furnes（2005）提出一种在 σ 坐标系中求解泊松方程的简化办法，但是此方法的计算误差随地形坡度增大而增大（Keilegavlen 和 Berntsen，2009）。Scotti 和 Mitran（2008）把泊松方程求解简化为求解与网格长宽比有关的三项，此方法可用于模拟非线性内波问题，但是网格限定于长宽比小于20。Cui（2013）、Cui et al.（2014）通过把动压在底层的分布参数化，减小了求解泊松方程的计算量，从而提高了非静压模型的计算效率，这种方法垂向仅有两层网格时效果比较明显，多层网格时对计算效率的提高很有限。

提高非静压模型效率的另一种方法为分离计算泊松方程与其余方程的计算网格，采用粗网格求解泊松方程，精细网格求解其余方程，这方面的研究还很少。荷兰代尔夫特大学的 van Reeuwijk（2002）建立了基于此方法的垂向二维非静压波浪模型。van Reeuwijk 通过采用不同的垂向网格数求解泊松方程和其余方程，其中求解泊松方程垂向网格称为压力网格，求解其余方程的垂向网格称为速度网格。通过假设动压值的垂向分布比速度值的垂向分布简单，可以采用较少的压力网格数计算泊松方程，从而提高非静压模型的计算效率。此方法针对采用分步法的非静压模型，对分步法求解过程进行改进。具体过程为：第一步为求解不含动压项的动量方程，因速度网格数与压力网格数不同，泊松方程无法直接计算，van Reeuwijk 通过在压力网格上单独求解动量方程的方法得到泊松方程所需的速度值；第二步求解泊松方程得到压力网格上的动压值，压力网格上的动压值需要通过插值方法插值到速度方程。选择合适的插值方法是分离计算泊松方程与其余方程的计算网格成功的关键，van Reeuwijk 总结了插值方法选择需满足的三个基本条件：

（1）动压值（p）在垂向上的导数（$\partial p/\partial \sigma$）在每个插值区间为单调函数。van Reeuwijk 认为 $\partial p/\partial \sigma$ 的极值会在模型中产生非物理性的流动。在驻波的模拟中，若 $\partial p/\partial \sigma$ 在插值区间内出现极值，会在底边界出现大于表面的流速。

（2）p 在垂向上为连续性函数。

（3）需保持插值前后 p 在动量方程中动压项垂向积分的一致性，即插值前后 p 对动量的改变是相同的。

基于以上分析，van Reeuwijk 选择的插值方法为线性插值和四次样条插值。线性插值能够满足以上三个条件，但是缺点也是显而易见的，线性插值使动压值在每个插值区间沿垂向的导数为定值，实际动压值的分布并不满足这一条件，因此线性插值在实际算例的模拟中不够精确，误差较大。样条插值是一种常用的、能够得到平滑曲线的插值方法，常用的为三次样条插值。除满足 p 在插值节点上连续、一阶二阶导数存在外，为满足 $\partial p/\partial \sigma$ 在每个插值区间为单调函数，van Reeuwijk 令 p 的二阶导数（$\partial^2 p/\partial^2 \sigma$）在每个插值节点处等于零。因此，若压力网格数为 n，满足以上条件有 $5n-2$ 个条件，插值函数为四次多项式，通过添加表面及底部边界条件，可以确定插值函数的系数。van Reeuwijk 在上述方法的基础上，建立了垂向二维非静压波浪模型，结果表明四次样条插值能够准确表达动压值的垂向分布，在表面波浪的模拟中误差较小，减少求解泊松方程的垂向网格式，可以大幅提高非静压模型的计算效率，但是也存在模型计算不稳定的问题，在驻波的模拟算例中，新的模型在长时间模拟时会出现较大的人工余流，引起模型计算的不稳定。

1.3.4　非静压模型在沙脊引起的分层流内部水跃模拟中的应用

沙脊地形对分层流影响的研究已有 70 年的历史（Queney，1948），国内外学者已进行了大量研究。在海洋、大气领域，沙脊或山脊地形引起的分层流动力变化一直是研究的热点（Baines，1997）。在海洋中，分层流受沙脊地形影响的动力变化往往关系大洋与河口或海岸地区的水体与物质交换，所以一直备受关注（Gade 和 Edwards，1980；Stommel 和 Farmer，1953）。

水流经过沙脊地形后的水力特性与上游来水量密切相关。基于弗劳德数的大小，Baines（1984）和 Lawrence（1993）将经过沙脊地形的分层流分为四种基本流态：次临界流、顶控制流、临近控制流和超临界流。不同的弗劳德数对应不同的流态，当弗劳德数在整个区域都小于 1，水流称为次临界流（Ⅰ）；当弗劳德数在沙脊地形顶部开始大于 1 的水流称为顶控制流（Ⅱ）；当弗劳德数大于 1 的位置开始于沙脊地形上游水深开始减少处，水流称为临近控制流（Ⅲ）；当水流在整个区域弗劳德数都大于 1，即为超临界流（Ⅳ）。在物理试验中，流态（Ⅱ）和（Ⅲ）中，可以观察到明显的水跃现象发生，最后一种流态对应内波与边界层分离的产生。

内部水跃及边界层分离产生的区域垂向速度变化较大，存在明显的动压作用，因此数值模拟中需要采用非静压模型。20 世纪 80 年代开始，对加拿大 Knight 湾的大量现场实测（Farmer 和 Freeland，1983；Farmer 和 Smith，1980）促进了水跃与边界层分离的研究，同时为数值模拟提供了充足的验证数据。Cummins（2000）利用垂向二维静压模型模拟了 Knight 湾的水跃过程，此模型能够模拟沙脊地形引起的后沿波的产生，但是未能准确模拟边界层分离的发生。Afanasyev 和 Peltier（2001）研究了 Knight 湾一个完整的潮汐过程中流场的变化，但由于采用与 Cummins 类似的二维静压模型，未能模拟出边界层分离的产生，因此计算结果与现场观测数据差异较大。认识到在 Knight 湾水动力模拟中边界层分离的重要性，Klymak 和 Gregg（2003）利用 Hallbery（2000）提出的等密度坐标模型研究了边界层分离的产生机制。试验结果表明，向海侧的底层高密度水体在落潮时充当了边界底层的作用，从而产生边界层分离且抑制了后沿波的产生。随着非静压模型的发展，Cummins et al.（2006；2003）利用垂向二维非静压模型研究了 Knight 湾水跃的发生和传播过程，结果显示水跃的产生既受上游来流量的影响也受变化的潮汐作用，同时与弗劳德数的大小密切相关，然而他们未能很好地模拟边界层分离的产生，这被认为是模型模拟的高阻尼状态早于观测结果的主要原因。为在非静压模型中准确模拟边界层分离现象，Lamb（2004）在模型中增加了垂向涡黏扩散项和无滑移边界条件，从而验证了 Cummins 的结论，模型模拟的高阻尼状态明显延后。Berntsen et al.（2008）研究了不同网格尺度下动压在水跃形成的作用，结果显示动压对速度场与温度场的影响随网格尺度的减小而增大。

以上的数值模拟都只是考虑水跃及边界层分离在垂向二维的发生发展过程，由于紊流及水流流动不稳定的作用，可以导致流场在横流方向的不一致，从而产生横向流速，速度场也从二维发展到三维，此过程伴随的紊流拟序结构变化过程对于认识物质的输移过程、能量的耗散与输移有着重要意义，因此有必要三维模拟分层流经过沙脊地形后紊流拟序结构的衍化过程。

1.3.5　长江口盐淡水混合的研究

长江是我国第一大河，水量充沛，水质较好，丰富的水资源促进了沿江经济的发展。但在河口区域，枯水期潮动力相对增强，盐水上溯距离增加，给居民和工业用水带来严重影响。因此，需要充分认识河口盐淡水的混合过程和规律，对于改善河口淡水水质和水资源的有效利用都有重要意义。

长江口三级分汊、四口入海的河势造就了其盐淡水混合问题的复杂性，由于分流比的不同，在长江口不同分支的盐淡水混合类型并不一致，同时由于径流的洪枯季变化，同一分支在不同时期的混合类型也不尽相同。长江口北支由于径流量小，潮流作用占主导，属于强混合型，北支盐水上溯距离较大，甚至出现过盐水从北支倒灌到南支的情况；北港、南北槽由于径流和潮汐在不同时期相对强度的不同，呈现不同的混合类型，但基本以部分混合为主导，在枯季大潮期，盐淡水混合比较充分，属于充分混合型，在洪季小潮期，盐淡水混合较弱，会出现盐淡水高度分层的情况。

国内关于长江口盐淡水混合问题的研究起源于 20 世纪 60 时代，主要的研究方法为现场资料分析和数值模拟。毛汉礼等（1963）利用实测资料分析了长江口及周围海区水动力和盐淡水混合问题。沈焕庭等（1986）分析了长江口的混合类型和环流模式及对悬沙输移的影响。朱建荣等（2003）对长江口外海区 2000 年 8 月的冲淡水结构和羽状锋进行了现场观测，分析了冲淡水类型与径流量之间的关系。罗小峰、陈志昌（2006）利用 1998—2006 年长江口北槽水文测验资料，分析了长江口深水航道整治工程的建设对北槽盐度分布的影响。

数学模型由于能够全面地分析盐淡水混合过程中的水动力过程，也可分别讨论不同物理机制对于盐淡水混合的影响，因此出现了很多研究成果。目前长江口盐淡水混合研究的数学模型主要有三类，分别为一维盐度模型、二维盐度模型和三维盐度模型（杨莉玲，2007）。一维模型主要用于理论研究，可计算河口盐度纵向分布和入侵距离。二维模型由于能够考虑河口宽度变化，相比一维模型能更准确地模拟长江口水动力变化过程，但由于不能反映流速、盐度的垂向变化，也逐渐被三维模型代替。长江口盐淡水混合的三维模拟始于 20 世纪 90 年代，朱建荣等（1998）建立了 σ 坐标系下的三维斜压模式，分析了夏季径流量、风速对长江口冲淡水扩展的影响。诸裕良等（1998）建立了河口非线性三维盐度数学模型，研究了长江口盐度、流速的三维分布，与实测结果吻合较好。马钢峰等（2006）利用 ECOM 模式建立了长江口水动力盐度三维模型，分析了南北槽盐度分布和盐通量过程。朱建荣等（2011）通过改进三维数值模式，研究了长江口北支盐通量。Wu 和Zhu（2010）将 TVD 格式引入长江口三维水动力盐度数学模型，模型能够精确模拟长江口盐水的分层混合范围和分布，并探讨了 TVD 格式与其他数值格式的区别。

总之，经过 50 多年的研究，长江口盐淡水混合问题得到了较为充分的研究，对于长江口周期性分层混合的空间和时间分布都已取得较多进展。但是由于长江口盐淡水混合的数值模拟基本采用静压假设，对于垂向流速的模拟存在误差，难以精确模拟分层混合过程中的紊动细部结构，这就给盐淡水的垂向混合研究带来困难。Pu et al.（2015）通过分析长江口北槽的实测资料，认为在长江口北槽中下段盐淡水垂向混合过程中，K-H不稳定性可能存在，本书将通过非静压模型研究长江口北槽的K-H不稳定性现象，并分析K-H不稳定性对盐淡水垂向混合的影响。

1.4 问题的提出

河口水体受径流和潮汐的周期性作用，会形成周期性的盐淡水分层混合现象。河口区域复杂的水动力特性和特殊的地貌形态，使得影响河口盐淡水分层混合的动力机制异常复杂，且盐淡水分层混合过程对于泥沙及污染物的扩散、输移和分布都有影响，因此河口盐淡水分层混合的研究具有重要的现实意义。随着计算机技术的发展，数学模型已成为河口海岸水动力研究的重要手段，在河口海岸盐淡水分层混合的模拟中，传统的静压模型由于忽略动压的影响，垂向流速的模拟存在误差，对于盐淡水分层混合的水平模拟较为准确，而垂向上，尤其是在分层水体盐跃层附近的模拟较为粗糙，难以模拟出盐淡水从分层到混合盐跃层附近发生的紊动细部结构。同时，河口区域地形复杂，受局部地形突变的影响，在盐跃层附近容易产生内部水跃及内波，这些现象的产生都会产生较大垂向紊动，并伴随水平流速的变化和垂向速度的增大，由于水流条件已不符合静压假设，此时使用传统的静压模型难以准确模拟，因此需要引入非静压模型进行模拟。

20世纪90年代末以来出现的非静压模型，是在传统的波浪及水流模型基础上发展出的一种直接求解不可压缩Navier-Stokes方程的数学模型。相比传统的静压模型，由于考虑动压力的作用，非静压模型在地形剧烈变化、盐度分层、水流急剧变化等垂向流速变化较大区域的模拟中优势明显。目前，非静压模型的研究主要集中于正压模型，对于表面波浪的模拟较多，但考虑非静压作用的斜压模型较少。这是由于盐度、泥沙等物质输运的模拟需要较多的垂向分层，网格数较多，以致非静压模型的计算极为耗时，即使采用大型计算机集群，也难以进行大尺度三维模拟，这已成为扩展非静压模型应用范围的主要障碍。因此，提高非静压模型计算效率成为近年来非静压模型发展的主要方向。

国外学者对于河口盐淡水分层混合的观测表明，K-H涡广泛存在于盐淡水分层混合过程中，K-H不稳定性是影响盐淡水垂向混合的重要因素。K-H不稳定性是由速度垂向梯度引起的剪切应力与浮力的相互作用产生的，K-H不稳定性会促进紊动的产生，并加速盐淡水混合速率。一般用理查德森数（$Ri = 0.25$）作为 K‑H 不稳定性产生的临界条件，国内学者也通过实测资料分析了长江口北槽洪枯季的理查德森数变化规律，认为在长江口北槽中段和下段发生 K‑H 不稳定性的可能较大。国内对于 K‑H 不稳定性的研究较少，尤其在河口盐淡水分层混合的研究中，与国外无论是在观测手段上还是数值模拟方面都有较大差距。

1.5 本书主要内容

针对以上所述非静压模型发展及河口盐淡水分层混合研究存在的问题，本书首先提出了一种提高非静压模型计算效率的方法，命名为 PDI（Pressure Decimation and Interpolation method）方法。PDI 方法的基本假设为动压值的计算，特别是垂向分布的计算，不需要特别精细的网格。在提出 PDI 方法的基础上，将 PDI 方法应用于非静压模型 NHWAVE，采用三个算例（驻波的传播、Lock‑Exchange 问题和内波在斜坡上的破碎问题）验证了 PDI 方法对于非静压模型精度和计算效率的影响。其次针对分层河口地形变化引起的内波问题，利用非静压模型模拟了沙脊地形引起分层流内部水跃及盐跃层紊动的衍化过程，研究了水体内部紊动拟序结构与水面特征间的对应关系，并对比了非静压模型与静压模型计算结果。最后利用非静压模型模拟了长江口北槽一个潮周期内的盐淡水分层混合过程，在北槽下段模拟出了 K‑H 涡的存在，并分析了 K‑H 涡的存在对于盐淡水混合的影响及 K‑H 涡的水平尺度和持续时间。

本书内容共分为 6 章，主要内容如下：

• 第 1 章：绪论介绍了本文的研究背景和意义，回顾了非静压模型的发展历程及提高非静压模型计算效率的方法；归纳了影响河口盐淡水分层混合的动力因素，概述了盐淡水分层混合过程中 K‑H 不稳定性的研究方法和研究现状；总结了本书的主要研究内容和章节安排。

• 第 2 章：非静压模型 PDI 计算方法。介绍了非静压模型 NHWAVE 的控制方程、数值计算方法；提出了垂向和水平方向 PDI 计算方法，并应用于非静压模型。

• 第 3 章：非静压模型 PDI 计算方法的验证及应用。采用三个算例（驻波的传播、Lock‑Exchange 问题和内波在斜坡上的破碎问题）验证了 PDI 方法对于非静压模型精度和计算效率的影响，分析了 K‑H 涡形成过程中动压的作用。

- 第 4 章：分层流通过沙脊地形后紊动拟序结构衍化分析。研究了超临界分层流受地形影响盐跃层附近紊动发展过程和紊动拟序结构衍化过程；分析了水体内部紊动拟序结构与水体表面特征间的对应关系；与静压模型结果对比，研究了非静压效应对于模型计算结果的影响。

- 第 5 章：长江口北槽盐淡水垂向混合的非静压模拟。采用垂向二维高精度非静压模拟了长江口北槽盐淡水分层混合过程，分析了 K-H 不稳定性的形成过程，研究了 K-H 涡的尺度及 K-H 不稳定性的产生对于盐淡水混合速率的影响。

- 第 6 章：结语。总结了全文主要的研究成果和结论，提出了需要进一步开展研究的内容。

2　非静压模型 PDI 计算方法

20 世纪 90 年代发展至今的非静压模型，由于在动量方程中考虑动压项的影响，不仅适用于近岸波浪模拟，还适用于由于地形剧烈变化、盐度强分层等垂向流速变化较大的区域。但是非静压模型在计算较大区域时，由于所需空间步长较小，计算网格较多，计算效率很低，虽然目前大多非静压模型采用并行计算，但是仍难以满足大区域计算的需要。在非静压模型的计算过程中，求解泊松方程极为耗时，一般占总机时的 50% 左右，但当网格较多时，求解泊松方程的总时间会急剧增加，最大可以占到总机时的 70% 以上。计算效率偏低的问题已成为限制非静压模型扩展应用范围的主要障碍。在前人非静压模型研究的基础上，通过假设动压值的计算，特别是动压值垂向分布的计算，不需要特别精细的网格，本书从简化泊松方程的垂向计算网格入手，提出了提高非静压模型计算效率的 PDI 方法。PDI 方法的实质是分离模型计算泊松方程和其余方程的网格，通过粗网格计算泊松方程，细网格计算其余方程，从而节省计算时间。

本书基于非静压模型 NHWAVE（Non - Hydrostatic Wave Model）（Ma et al.，2012；2013），此模型是美国特拉华大学应用海岸研究中心（CACR）开发的基于不可压缩 Navier - Stokes 方程的数学模型。该模型计算采用分步法，网格设置参照 Stelling、Zijlema（2003）提出的 Keller - Box 模式，可以采用较少的垂向层数（3~5 层）模拟短波问题。模型在垂向采用 σ 坐标，水平向为矩形网格，紊流模型包括 $k - \varepsilon$ 模型、大涡模拟亚格子模型。数值离散格式采用 Godunov 型有限体积与有限差分相结合的方法，数值计算方法采用二阶龙格-库塔（Runge - Kutta）迭代法。模型可模拟波浪从深海到近岸的传播变化过程，且能考虑波浪破碎和地形变化，因此首先被应用于波浪浅水变形及滑坡海啸的模拟中。Ma et al.（2013）在动量方程源项中加入密度项的影响，通过求解盐度、泥沙等对流扩散方程，使 NHWAVE 能够模拟斜压问题，从而使模型的应用范围扩展到盐度、泥沙等物质输运过程的模拟中。为提高计算效率，适用大型计算的需要，NHWAVE 采用了基于 MPI 技术的并行模式，可实现集群多核并行计算。

本章首先介绍 NHWAVE 模型的基本原理，包括控制方程、离散方法，边界条件等，然后从网格划分、插值方法、计算过程等方面提出提高非静压模型计算效率的 PDI 方法。

2.1 NHWAVE 控制方程

2.1.1 Navier‐Stokes 方程

笛卡尔坐标系下的不可压缩 Navier‐Stokes 方程可表示为：

$$\frac{\partial u}{\partial x_i^*} = 0$$

$$\frac{\partial u_i}{\partial t^*} + u_j \frac{\partial u_i}{\partial x_j^*} = \frac{1}{\rho} \frac{\partial \widetilde{p}}{\partial x_i^*} + g_i - g_i \nabla r + \frac{\partial \tau_{ij}}{\partial x_j^*}$$

$$(2-1)$$

式中：$(i, j) = 1, 2, 3$ 对应坐标系的三个方向（x_1^*，x_2^*，x_3^*），其中 $x_1^* = x^*$，$x_2^* = y^*$，$x_3^* = z^*$；u_i 为速度在 x_i^* 方向的分量；$\widetilde{p}$ 为压力项，包含动压值和静压值；ρ 为密度，$g_i = -g\delta_{i3}$ 为重力加速度；$\tau_{ij} = \nu_t(\partial u_i/\partial x_j^* + \partial u_j/\partial x_i^*)$ 为紊动切应力；ν_t 为紊动涡黏系数。

2.1.2 基于 σ 坐标的控制方程

为使模型网格适应地形变化的要求，NHWAVE 模型中采用基于 σ 坐标的不可压缩 Navier‐Stokes 方程。σ 坐标系中变量与笛卡尔坐标系中变量的对应关系为：

$$t = t^*, \quad x = x^*, \quad y = y^*, \quad \sigma = \frac{z^* + h}{D} \qquad (2-2)$$

式中：$D = h + \eta$；h 为水深；η 为水位。令函数 $f = f(x^*, y^*, z^*, t^*)$，应用复合函数链式求导法则，函数 f 的导数为：

$$\frac{\partial f}{\partial t^*} = \frac{\partial f}{\partial t} + \frac{\partial f}{\partial \sigma} \frac{\partial \sigma}{\partial t^*}$$

$$\frac{\partial f}{\partial x^*} = \frac{\partial f}{\partial x} + \frac{\partial f}{\partial \sigma} \frac{\partial \sigma}{\partial x^*}$$

$$\frac{\partial f}{\partial y^*} = \frac{\partial f}{\partial y} + \frac{\partial f}{\partial \sigma}\frac{\partial \sigma}{\partial y^*} \tag{2-3}$$

$$\frac{\partial f}{\partial z^*} = \frac{\partial f}{\partial \sigma}\frac{\partial \sigma}{\partial z^*}$$

将方程（2-3）代入到方程（2-1）中可以得到 σ 坐标系下的连续性方程，其表达式为：

$$\frac{\partial u}{\partial x} + \frac{\partial u}{\partial \sigma}\frac{\partial \sigma}{\partial x^*} + \frac{\partial v}{\partial y} + \frac{\partial u}{\partial \sigma}\frac{\partial \sigma}{\partial y^*} + \frac{1}{D}\frac{\partial \omega}{\partial \sigma} = 0 \tag{2-4}$$

从方程（2-3）可以得到：

$$\frac{\partial \sigma}{\partial t^*} = \frac{1}{D}\frac{\partial h}{\partial t} - \frac{\sigma}{D}\frac{\partial D}{\partial t}$$

$$\frac{\partial \sigma}{\partial x^*} = \frac{1}{D}\frac{\partial h}{\partial x} - \frac{\sigma}{D}\frac{\partial D}{\partial x}$$

$$\frac{\partial \sigma}{\partial y^*} = \frac{1}{D}\frac{\partial h}{\partial y} - \frac{\sigma}{D}\frac{\partial D}{\partial y} \tag{2-5}$$

$$\frac{\partial \sigma}{\partial z^*} = \frac{1}{D}$$

将方程（2-5）带入方程（2-4），并整理得到：

$$\frac{\partial D}{\partial t} + \frac{\partial Du}{\partial x} + \frac{\partial Dv}{\partial y} + \frac{\partial \omega}{\partial \sigma} = 0 \tag{2-6}$$

其中，ω 是 σ 坐标系下的垂向速度，表达式为：

$$\omega = D\left(\frac{\partial \sigma}{\partial t^*} + u\frac{\partial \sigma}{\partial x^*} + v\frac{\partial \sigma}{\partial y^*} + w\frac{\partial \sigma}{\partial z^*}\right) \tag{2-7}$$

将方程（2-7）沿垂向积分，并应用自由表面和底部边界条件，得到：

$$\frac{\partial D}{\partial t} + \frac{\partial}{\partial x}\left(D\int_0^1 u\mathrm{d}\sigma\right) + \frac{\partial}{\partial y}\left(D\int_0^1 v\mathrm{d}\sigma\right) = 0 \tag{2-8}$$

式（2-8）为自由表面控制方程，用于确定自由表面位置。

σ 坐标下的动量方程可以写成：

$$\frac{\partial \boldsymbol{\Psi}}{\partial t} + \nabla \cdot \boldsymbol{\Theta}(\boldsymbol{\Psi}) = \boldsymbol{S} \tag{2-9}$$

式中，$\nabla = \left(\dfrac{\partial}{\partial x}, \dfrac{\partial}{\partial y}, \dfrac{\partial}{\partial \sigma}\right)$。$\boldsymbol{\Psi}$ 和 $\boldsymbol{\Theta}(\boldsymbol{\Psi})$ 的表达式如下：

$$\boldsymbol{\Psi} = \begin{pmatrix} Du \\ Dv \\ Dw \end{pmatrix} \tag{2-10}$$

$$\boldsymbol{\Theta} = \begin{pmatrix} \left[Duu + \left(\frac{1}{2}gD^2 + gh\eta \right) \right] \boldsymbol{i} + Duv\boldsymbol{j} + u\omega\boldsymbol{k} \\ Duv\boldsymbol{i} + \left[Dvv + \left(\frac{1}{2}gD^2 + gh\eta \right) \right] \boldsymbol{j} + v\omega\boldsymbol{k} \\ Duw\boldsymbol{i} + Dvw\boldsymbol{j} + w\omega\boldsymbol{k} \\ DuC\boldsymbol{i} + DvC\boldsymbol{j} + \omega C\boldsymbol{k} \end{pmatrix} \qquad (2-11)$$

方程（2-9）右侧源项包含以下分量：

$$\boldsymbol{S} = \boldsymbol{S}_h + \boldsymbol{S}_p + \boldsymbol{S}_\rho + \boldsymbol{S}_\tau \qquad (2-12)$$

式中：$\boldsymbol{S}_h$、$\boldsymbol{S}_p$、$\boldsymbol{S}_\rho$ 与 $\boldsymbol{S}_\tau$ 为底摩阻项、动压梯度项、斜压项和紊流扩散项。源项的各分项公式可表示为：

$$\boldsymbol{S}_h = \begin{pmatrix} gD\dfrac{\partial h}{\partial x} \\ gD\dfrac{\partial h}{\partial y} \\ 0 \end{pmatrix} \qquad (2-13)$$

$$\boldsymbol{S}_p = \begin{pmatrix} -\dfrac{D}{\rho}\left(\dfrac{\partial p}{\partial x} + \dfrac{\partial p}{\partial \sigma}\dfrac{\partial \sigma}{\partial x^*} \right) \\ -\dfrac{D}{\rho}\left(\dfrac{\partial p}{\partial y} + \dfrac{\partial p}{\partial \sigma}\dfrac{\partial \sigma}{\partial y^*} \right) \\ -\dfrac{1}{\rho}\dfrac{\partial p}{\partial \sigma} \end{pmatrix} \qquad (2-14)$$

$$\boldsymbol{S}_\rho = \begin{pmatrix} -gD\left(\dfrac{\partial r}{\partial x} + \dfrac{\partial r}{\partial \sigma}\dfrac{\partial \sigma}{\partial x^*} \right) \\ -gD\left(\dfrac{\partial r}{\partial y} + \dfrac{\partial r}{\partial \sigma}\dfrac{\partial \sigma}{\partial y^*} \right) \\ -g\dfrac{\partial r}{\partial \sigma} \end{pmatrix} \qquad (2-15)$$

$$\boldsymbol{S}_\tau = \begin{pmatrix} DS_{\tau x} \\ DS_{\tau y} \\ DS_{\tau z} \end{pmatrix} \qquad (2-16)$$

式中：p 为动压；r 为斜压项；$DS_{\tau x}$、$DS_{\tau y}$、$DS_{\tau z}$ 为扩散项。

r 表达式为：

$$r = \frac{D}{\rho_0}\int_\sigma^1 \rho \mathrm{d}\sigma \qquad (2-17)$$

式中：ρ_0 为清水密度。

$DS_{\tau x}$、$DS_{\tau y}$、$DS_{\tau z}$ 可表示为：

$$S_{\tau x} = \frac{\partial \tau_{xx}}{\partial x} + \frac{\partial \tau_{xx}}{\partial \sigma} \frac{\partial \sigma}{\partial x^*} + \frac{\partial \tau_{xy}}{\partial y} + \frac{\partial \tau_{xy}}{\partial \sigma} \frac{\partial \sigma}{\partial y^*} + \frac{\partial \tau_{xz}}{\partial \sigma} \frac{\partial \sigma}{\partial z^*}$$

$$S_{\tau y} = \frac{\partial \tau_{yx}}{\partial x} + \frac{\partial \tau_{yx}}{\partial \sigma} \frac{\partial \sigma}{\partial x^*} + \frac{\partial \tau_{yy}}{\partial y} + \frac{\partial \tau_{yy}}{\partial \sigma} \frac{\partial \sigma}{\partial y^*} + \frac{\partial \tau_{yz}}{\partial \sigma} \frac{\partial \sigma}{\partial z^*} \qquad (2-18)$$

$$S_{\tau z} = \frac{\partial \tau_{zx}}{\partial x} + \frac{\partial \tau_{zx}}{\partial \sigma} \frac{\partial \sigma}{\partial x^*} + \frac{\partial \tau_{zy}}{\partial y} + \frac{\partial \tau_{zy}}{\partial \sigma} \frac{\partial \sigma}{\partial y^*} + \frac{\partial \tau_{zz}}{\partial \sigma} \frac{\partial \sigma}{\partial z^*}$$

切应力可以表示为：

$$\tau_{xx} = 2\nu_t \left(\frac{\partial u}{\partial x} + \frac{\partial u}{\partial \sigma} \frac{\partial \sigma}{\partial x^*} \right)$$

$$\tau_{xy} = \tau_{yx} = \nu_t \left(\frac{\partial u}{\partial y} + \frac{\partial u}{\partial \sigma} \frac{\partial \sigma}{\partial y^*} + \frac{\partial v}{\partial x} + \frac{\partial v}{\partial \sigma} \frac{\partial \sigma}{\partial x^*} \right)$$

$$\tau_{yy} = 2\nu_t \left(\frac{\partial v}{\partial y} + \frac{\partial v}{\partial \sigma} \frac{\partial \sigma}{\partial y^*} \right)$$

$$\tau_{xz} = \tau_{zx} = \nu_t \left(\frac{\partial u}{\partial \sigma} \frac{\partial \sigma}{\partial z^*} + \frac{\partial w}{\partial x} + \frac{\partial w}{\partial \sigma} \frac{\partial \sigma}{\partial x^*} \right) \qquad (2-19)$$

$$\tau_{zz} = 2\nu_t \left(\frac{\partial w}{\partial \sigma} \frac{\partial \sigma}{\partial z^*} \right)$$

$$\tau_{yz} = \tau_{zy} = \nu_t \left(\frac{\partial v}{\partial \sigma} \frac{\partial \sigma}{\partial z^*} + \frac{\partial w}{\partial y} + \frac{\partial w}{\partial \sigma} \frac{\partial \sigma}{\partial y^*} \right)$$

很多学者指出直接将 Godunov 型有限体积法应用于方程（2-9），不能保证在静止状态下压力项与底坡源项的平衡性，从而产生伪流，即静水条件下由于数值格式引起的虚假流动现象。根据 Liang et al. （2009）和 Shi et al. （2012）的研究成果，需要对动量方程中的底坡源项进行重新处理，具体过程为：

$$S_h = g(h + \eta) \frac{\partial h}{\partial x} = \frac{\partial}{\partial x} \left(\frac{1}{2} gh^2 \right) + g\eta \frac{\partial h}{\partial x} \qquad (2-20)$$

将式（2-20）中右侧第一项移到动量方程左侧，底坡源项变为：

$$S_h = \begin{pmatrix} g\eta \dfrac{\partial h}{\partial x} \\[2mm] g\eta \dfrac{\partial h}{\partial y} \\[2mm] 0 \end{pmatrix} \qquad (2-21)$$

动量方程（2-9）可被写成：

$$\frac{\partial U}{\partial t} + \frac{\partial F}{\partial x} + \frac{\partial G}{\partial y} + \frac{\partial H}{\partial \sigma} = S \qquad (2-22)$$

其中，$U = (Du, \ Dv, \ Dw)^{\mathrm{T}}$。其余通量项 F、G、H 表达式如下：

$$F = \begin{bmatrix} Duu + \dfrac{1}{2}g\eta^2 + gh\eta \\ Duv \\ Duw \end{bmatrix} \qquad (2-23)$$

$$G = \begin{bmatrix} Duv \\ Dvv + \dfrac{1}{2}g\eta^2 + gh\eta \\ Dvw \end{bmatrix} \qquad (2-24)$$

$$H = \begin{bmatrix} u\omega \\ v\omega \\ w\omega \end{bmatrix} \qquad (2-25)$$

2.1.3 紊流模型

为求解动量方程计算所需涡黏系数 ν_t，模型 NHWAVE 中紊流模型包含两方程模型 $k-\varepsilon$ 模型和大涡模型。$k-\varepsilon$ 模型采用 Lin、Liu（1998；2000）提出的二阶非线性 $k-\varepsilon$ 模型。

紊流涡黏系数计算公式如下：

$$\nu_t = C_\mu \frac{k^2}{\varepsilon} \qquad (2-26)$$

$k-\varepsilon$ 方程采用如下形式：

$$\frac{\partial Dk}{\partial t} + \nabla \cdot (Duk) = \nabla \cdot \left[D\left(\nu + \frac{\nu_t}{\sigma_k}\right) \nabla k \right] + D(P_s + P_b - \varepsilon)$$

$$\frac{\partial D\varepsilon}{\partial t} + \nabla \cdot (Du\varepsilon) = \nabla \cdot \left[D\left(\nu + \frac{\nu_t}{\sigma_\varepsilon}\right) \nabla \right] + \frac{\varepsilon}{k} D\left[C_{1\varepsilon}(P_s + C_3 P_b) - C_{2\varepsilon}\varepsilon \right]$$

$$(2-27)$$

式中：k 为紊动动能；δ 为紊动动能耗散；σ_k、σ_ε、$C_{1\varepsilon}$、$C_{2\varepsilon}$、C_3 为经验系数（Rodi，1987）。σ、C 数值一般取为：

$$\sigma_k = 1.0, \ \sigma_\varepsilon = 1.3, \ C_1 = 1.44, \ C_{2\varepsilon} = 1.92 \qquad (2-28)$$

P_s、P_b 分别为考虑切应力和浮力的附加项，表达式如下：

$$P_s = -\overline{u_i' u_j'} \frac{\partial u_i}{\partial x_j^*}$$

$$P_b = \frac{g}{\rho_0} \frac{\nu_t}{D} \frac{\partial \rho_m}{\partial \sigma} \qquad (2-29)$$

其中，雷诺应力项 $\overline{u_i' u_j'}$ 由如下公式计算：

$$\overline{u'_i u'_j} = -C_d \frac{k^2}{\acute{o}}\left(\frac{\partial u_i}{\partial x_j^*} + \frac{\partial u_j}{\partial x_i^*}\right) + \frac{2}{3}k\delta_{ij}$$

$$- C_1 \frac{k^3}{\acute{o}^2}\left(\frac{\partial u_i}{\partial x_l^*}\frac{\partial u_l}{\partial x_j^*} + \frac{\partial u_j}{\partial x_l^*}\frac{\partial u_l}{\partial x_i^*}\right) - \frac{2}{3}\frac{\partial u_l}{\partial x_k^*}\frac{\partial u_k}{\partial x_l^*}\delta_{ij}$$

$$\qquad\qquad (2-30)$$

$$- C_2 \frac{k^3}{\acute{o}^2}\left(\frac{\partial u_i}{\partial x_k^*}\frac{\partial u_j}{\partial x_k^*}\right) - \frac{1}{3}\frac{\partial u_l}{\partial x_k^*}\frac{\partial u_l}{\partial x_k^*}k\delta_{ij}$$

$$- C_3 \frac{k^3}{\acute{o}^2}\left(\frac{\partial u_k}{\partial x_i^*}\frac{\partial u_k}{\partial x_j^*}\right) - \frac{1}{3}\frac{\partial u_l}{\partial x_k^*}\frac{\partial u_l}{\partial x_k^*}\delta_{ij}$$

式中：C_d、C_1、C_2、C_3 为经验系数。Lin 和 Liu（1998）给出的表达式为：

$$C_d = \frac{2}{3}\left(\frac{1}{7.4 + 2S_{max}}\right)$$

$$C_1 = \frac{1}{185.2 + 3D_{max}^2}$$

$$\qquad\qquad (2-31)$$

$$C_2 = \frac{1}{58.5 + 2D_{max}^2}$$

$$C_3 = \frac{1}{370.4 + 3D_{max}^2}$$

其中

$$S_{max} = \frac{k}{\acute{o}}\max\left\{\left|\frac{\partial u_i}{\partial x_i^*}\right|\right\}$$

$$\qquad\qquad (2-32)$$

$$D_{max} = \frac{k}{\acute{o}}\max\left\{\left|\frac{\partial u_i}{\partial x_j^*}\right|\right\}$$

大涡模型采用静态 Smagorinsky（1963）模型。涡黏系数（ν_t）定义为：

$$\nu_t = (C_s\delta)^2 \sqrt{2S_{ij}S_{ij}} \qquad\qquad (2-33)$$

式中：C_s 为 Smagorinsky 系数；$\delta = (\Delta x\Delta y\Delta z)^{1/3}$ 和 $S_{ij} = \frac{1}{2}\left(\frac{\partial u_i}{\partial x_j^*} + \frac{\partial u_j}{\partial x_i^*}\right)$，

为切应力张量。系数 C_s 一般取值在 0.1～0.2。

2.1.4 非静压模型 NHWAVE 数值计算格式

NHWAVE 采用有限差分法和一种 Godunov 型有限体积法离散控制方程，见方程（2-8）和方程（2-9）。目前大部分的模型网格布置都采用交错网格，因为交错网格将压力值设置在网格中央，在自由表面边界处的压力值无法精确表达。因此，NHWAVE 采用 Stelling 和 Zijlema（2003）提出的 Keller-Box 模式，如图 2-1 所示，速度变量布置在网格中央，动压值布置在网格界面。动量方程采用二阶 Godunov 型有限体积法离散，近似黎曼问题求解方法 HLL 被应用于计算网格界面的通量。

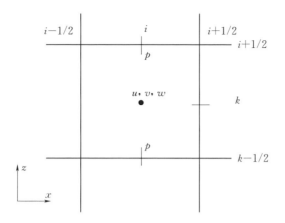

图 2-1 NHWAVE 垂向网格布置图

1. 二阶精度单步算法

龙格-库塔方法是一种应用广泛的高精度单步算法,具有精度高,易收敛,计算稳定性好等优点,为保证模型达到二阶精度,模型采用二阶龙格-库塔方法,此算法计算时分为两个阶段,第一阶段通过一阶分步法求解速度的中间值 $[\boldsymbol{U}^{(1)}]$,公式如下:

$$\frac{\boldsymbol{U}^* - \boldsymbol{U}^n}{\Delta t} = -\left(\frac{\partial \boldsymbol{F}}{\partial x} + \frac{\partial \boldsymbol{G}}{\partial y} + \frac{\partial \boldsymbol{H}}{\partial \sigma}\right)^n + \boldsymbol{S}_h^n + \boldsymbol{S}_\rho^n + \boldsymbol{S}_\tau^n$$

$$\frac{\boldsymbol{U}^{(1)} - \boldsymbol{U}^*}{\Delta t} = \boldsymbol{S}_\rho^{(1)}$$

$(2-34)$

式中:$\boldsymbol{U}^n$ 为速度 $\boldsymbol{U}$ 在第 n 步的值。$\boldsymbol{U}^*$ 为分步法中的速度中间值。$\boldsymbol{U}^{(1)}$ 为龙格-库塔方法中第一阶段求得的速度值。

在龙格-库塔方法计算的第二阶段,速度场同样由分步法求得,应用二阶龙格-库塔公式可得到 $n+1$ 时刻速度值。

$$\frac{\boldsymbol{U}^* - \boldsymbol{U}^{(1)}}{\Delta t} = -\left(\frac{\partial \boldsymbol{F}}{\partial x} + \frac{\partial \boldsymbol{G}}{\partial y} + \frac{\partial \boldsymbol{H}}{\partial \sigma}\right)^{(1)} + \boldsymbol{S}_h^{(1)} + \boldsymbol{S}_\rho^{(1)} + \boldsymbol{S}_\tau^{(1)}$$

$$\frac{\boldsymbol{U}^{(2)} - \boldsymbol{U}^*}{\Delta t} = \boldsymbol{S}_\rho^{(2)} \quad \boldsymbol{U}^{n+1} = \frac{1}{2}\boldsymbol{U}^n + \frac{1}{2}\boldsymbol{U}^{(2)}$$

$(2-35)$

在龙格-库塔方法的两个计算阶段,动压值由压力泊松方程求得,具体的方程表达式将在接下来的一节介绍。自由表面水位由方程(2-8)得到。根据 CFL 准则,每一步的时间步长由以下公式计算得到。

$$\Delta t = \text{CFL} \min\left[\min \frac{\Delta x}{|u_{i,j,k}| + \sqrt{gD_{i,j}}}, \ \min \frac{\Delta y}{|v_{i,j,k}| + \sqrt{gD_{i,j}}}, \ \min \frac{\Delta \sigma D_{i,j}}{|w_{i,j,k}|}\right]$$

$(2-36)$

式中：CFL 为库朗数，为保证模型的准确度和稳定性，模型中库朗数取值范围一般为 0.5～1.0（汪德爧，2011）。

2. 有限体积法

模型采用二阶 Godunov 型有限体积法离散方程（2-4）和方程（2-22）。由于求解各通量值需要变量在网格边界的值，而模型中流速值设置在网格中央。因此，需要首先确定网格边界流速值，模型中采用 Zhou et al. (2001) 提出的方法，表达式如下：

$$U = U_i + (x - x_i)\Delta U_i \qquad (2-37)$$

式中：ΔU_i 为速度梯度，求解公式如下：

$$\Delta U_i = \mathrm{Limiter}\left(\frac{U_{i+1} - U_i}{x_{i+1} - x_i},\ \frac{U_i - U_{i-1}}{x_i - x_{i-1}}\right) \qquad (2-38)$$

其中，Limiter 表示导数限制器。为避免伪振荡的出现，抑制二阶格式的计算不稳定性，模型中提供两种导数限制器 [Superbee limiter（Roe，1986；Shi et al.，2014）、van Leer limiter（Leer，1974）] 可选，公式如下：

$$\text{Superbee limiter：} \quad \phi(r_i) = \max[0, \min(2r_i, 1), \min(r_i, 2)]$$

$$\text{van Leer limiter：} \quad \phi(r_i) = \frac{r_i + |r_i|}{1 + |r_i|}$$

$$(2-39)$$

其中，$r_i = (U_i - U_{i-1})/(U_{i+1} - U_i)$，限制器的选择依实际算例而变，限制器的选择需要试算，并根据计算误差的大小而定。

第 i 个网格左右边界处的速度值有如下形式：

$$U_{i+\frac{1}{2}}^L = U_i + \frac{1}{2}\Delta x_i \Delta U_i$$

$$(2-40)$$

$$U_{i+\frac{1}{2}}^R = U_{i+1} - \frac{1}{2}\Delta x_{i+1} \Delta U_{i+1}$$

为求解水平网格界面处的黎曼问题，应用 HLL 黎曼求解器，界面 $i+1/2$ 处的通量计算公式为：

$$F(U^L, U^R) = \begin{cases} F(U^L) & s_L \geqslant 0 \\ F^*(U^L, U^R) & s_L < 0 < s_R \\ F(U^R) & s_R \leqslant 0 \end{cases} \qquad (2-41)$$

$$F^*(U^L, U^R) = \frac{s_R F(U^L) - s_L F(U^R) + s_L s_R (F(U^R) - F(U^L))}{s_R - s_L} \qquad (2-42)$$

其中，波速（s_L，s_R）定义为：

$$s_L = \min(u^L - \sqrt{gD_L}, \ u_s - \sqrt{gD_s})$$
$$s_R = \min(u^R - \sqrt{gD_R}, \ u_s + \sqrt{gD_s}) \tag{2-43}$$

其中，u_s 和 $\sqrt{gD_s}$ 可通过以下公式计算得到：

$$u_s = \frac{1}{2}(u^L + u^R) + \sqrt{gD_L} - \sqrt{gD_R}$$
$$\sqrt{gD_s} = \frac{\sqrt{gD_L} + \sqrt{gD_R}}{2} + \frac{u^L - u^R}{4} \tag{2-44}$$

在非静压模型分步法计算中，需要得到动压值，并利用动压值修正得到非静压速度场。根据方程（2-34）至方程（2-35），可以得到速度与动压的关系：

$$u^{(k)} = u^* - \frac{\Delta t}{\rho}\left(\frac{\partial p}{\partial x} + \frac{\partial p}{\partial \sigma}\frac{\partial \sigma}{\partial x^*}\right)^{(k)}$$
$$v^{(k)} = v^* - \frac{\Delta t}{\rho}\left(\frac{\partial p}{\partial y} + \frac{\partial p}{\partial \sigma}\frac{\partial \sigma}{\partial y^*}\right)^{(k)} \tag{2-45}$$
$$w^{(k)} = w^* - \frac{\Delta t}{\rho}\frac{1}{D^{(k)}}\frac{\partial p^{(k)}}{\partial \sigma}$$

式中 $k=1,2$ 表示龙格-库塔方法的两个阶段。

将方程（2-45）代入连续性方程（2-4），可以得到压力泊松方程：

$$\frac{\partial}{\partial x}\left[\frac{\partial p}{\partial x} + \frac{\partial p}{\partial \sigma}\frac{\partial \sigma}{\partial x^*}\right] + \frac{\partial}{\partial y}\left[\frac{\partial p}{\partial y} + \frac{\partial p}{\partial \sigma}\frac{\partial \sigma}{\partial y^*}\right] + \frac{\partial}{\partial \sigma}\left(\frac{\partial p}{\partial x}\right)\frac{\partial \sigma}{\partial x^*}$$
$$+ \frac{\partial}{\partial \sigma}\left(\frac{\partial p}{\partial y}\right)\frac{\partial \sigma}{\partial y^*} + \left[\left(\frac{\partial \sigma}{\partial x^*}\right)^2 + \left(\frac{\partial \sigma}{\partial y^*}\right)^2 + \frac{1}{D^2}\right]\frac{\partial}{\partial \sigma}\left(\frac{\partial p}{\partial \sigma}\right) \tag{2-46}$$
$$= \frac{\rho}{\Delta t}\left(\frac{\partial u^*}{\partial x} + \frac{\partial u^*}{\partial \sigma}\frac{\partial \sigma}{\partial x^*} + \frac{\partial v^*}{\partial y} + \frac{\partial v^*}{\partial \sigma}\frac{\partial \sigma}{\partial y^*} + \frac{1}{D}\frac{\partial w^*}{\partial \sigma}\right)$$

压力泊松方程采用二阶中心差分格式进行离散。

3. 对流扩散方程

对流扩散项与方程（2-9）中表达式类似：

$$\frac{\partial \boldsymbol{\Psi}_c}{\partial t} + \nabla \cdot \boldsymbol{\Theta}_c(\boldsymbol{\Psi}_c) = \boldsymbol{S}_c \tag{2-47}$$

式中：$\boldsymbol{\Psi}_c$ 可表示为温度、盐度、紊动动能等；S_c 为汇源项。令 $\boldsymbol{\Psi}_c$ 为浓度函数，则：

$$\boldsymbol{\Theta}_c(C) = (DuC\boldsymbol{i} + DvC\boldsymbol{j} + \omega C\boldsymbol{k}) \tag{2-48}$$

悬沙浓度可通过以下泥沙对流扩散方程计算，方程采用 σ 坐标：

$$
\frac{\partial DC}{\partial t} + \frac{\partial DuC}{\partial x} + \frac{\partial DvC}{\partial y} + \frac{(\omega - w_s)C}{\partial \sigma}
$$

$$
= \frac{\partial}{\partial x}\left[D\left(\nu + \frac{\mu_t}{\sigma_h}\right)\frac{\partial C}{\partial x}\right] + \frac{\partial}{\partial y}\left[D\left(\nu + \frac{\mu_t}{\sigma_h}\right)\frac{\partial C}{\partial y}\right] + \frac{1}{D}\frac{\partial}{\partial \sigma}\left[D\left(\nu + \frac{\mu_t}{\sigma_v}\right)\frac{\partial C}{\partial \sigma}\right]
$$

$$(2-49)$$

式中：C 为悬沙浓度；w_s 为泥沙沉降速度；σ_h、σ_v 为水平方向与垂向施密特数。

4. 边界条件

在水面处，不考虑风应力的影响，切应力等于零，得出

$$
\frac{\partial u}{\partial \sigma} = \frac{\partial v}{\partial \sigma} = 0, \quad z^* = \eta \tag{2-50}
$$

水面处的垂向速度可由运动边界条件给出：

$$
\frac{\partial \eta}{\partial t^*} + u\frac{\partial \eta}{\partial x^*} + v\frac{\partial \eta}{\partial y^*} = w, \quad z^* = \eta \tag{2-51}
$$

动压值在水面处等于零，由于将动压值放置在网格顶部，此条件可以精确满足。

在底面边界，垂向速度同样由运动边界条件给出，公式形式为：

$$
\frac{\partial h}{\partial t^*} + u\frac{\partial h}{\partial x^*} + v\frac{\partial h}{\partial y^*} = -w, \quad z^* = -h \tag{2-52}
$$

对于水平流速 u、v 分为无黏性和有黏性两种情况，不考虑流体黏性时，应用自由滑移边界条件，公式为：

$$
\frac{\partial u}{\partial \sigma} = \frac{\partial v}{\partial \sigma} = 0, \quad z^* = -h \tag{2-53}
$$

当计算考虑流体黏性时，底面边界条件为：

$$
\nu_t \frac{\partial u}{\partial \sigma} = DC_d \mid u_b \mid u_b \tag{2-54}
$$

式中：C_d 为底面拖曳力系数。底面动压值采用线性化的边界条件，公式为：

$$
\frac{\partial p}{\partial \sigma} = \rho D \frac{\partial^2 h}{\partial t^2} \tag{2-55}
$$

若不考虑底面地形变化，动压值在底面沿 σ 方向导数值为零。

2.2 垂向 PDI 计算方法

本文在非静压模型 NHWAVE 的基础上，提出提高非静压模型计算效率的 PDI 方法。基本假设为动压值的计算，特别是动压值垂向分布的计算，不

需要特别精细的网格。PDI 方法的实质就是分离计算泊松方程与其余方程的网格，用较少的网格计算泊松方程，从而减少非静压模型的计算时间，提高计算效率。应用 PDI 方法可以同时减少非静压模型垂向和水平向的计算网格，但因为垂向网格的简化不涉及并行计算时不同 CPU 间的数据交换，网格划分比较简单，前人研究（Ma et al.，2012）也表明垂向动压的精确模拟不需要太多的垂向层数。因此，本节首先从网格布置、插值方法及计算步骤三个方面介绍垂向 PDI 计算方法的基本计算过程。

2.2.1 PDI 方法的垂向网格

图（2-2）为 PDI 方法的垂向网格布置图，垂向采用 σ 坐标，图中所示为垂向任意网格，其中实线表示求解泊松方程的粗网格，虚线表示求解其余方程的精细网格。p'、u'、w' 分别表示粗网格上的动压值及速度值；p、u、w 分别表示细网格上的动压值及速度值。粗网格（压力网格）垂向网格数表示为 n_p，细网格（速度网格）垂向网格数表示为 n_u。网格数 n_u 和 n_p 的选取是任意的，但为了便于插值，一般选取细网格数 n_u 是粗网格数 n_p 的整数倍，图 2-2 中 $n_u/n_p=3$。模型中垂向采用均布网格，粗网格间距为 $\Delta\sigma_c$，细网格网格间距设为 $\Delta\sigma_f$。

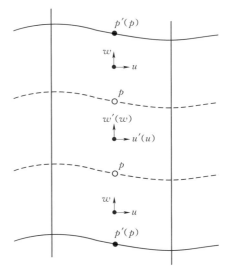

注：实线，求解泊松方程的粗网格。
虚线，求解其余方程的精细网格。
图 2-2　PDI 方法网格布置图

2.2.2 PDI 方法的插值方法与边界条件

将粗网格计算得到的动压值插值到细网格是 PDI 方法的核心步骤，插值方法直接关系 PDI 方法的计算精度，因此插值方法的选择就显得尤为重要。本节考虑四种插值方法：线性插值、抛物线插值、三次及四次样条插值。分别在 PDI 计算过程中应用四种插值方法，分析插值方法对模型计算结果的影响，从而选择最优的插值方法。

1. 线性插值

线性插值最为简单，如图 2-3 所示，在相邻两个粗网格节点间构造直线，公式如下：

$$p(\sigma) = \frac{p(\sigma_{i+1}) - p(\sigma_i)}{\Delta \sigma_c}(\sigma - \sigma_i) \tag{2-56}$$

线性插值简单，计算耗时少，但是线性插值会使两个粗网格间的垂向动压梯度保持为定值，这一性质动压本身并不具有，因此会对计算结果产生影响。

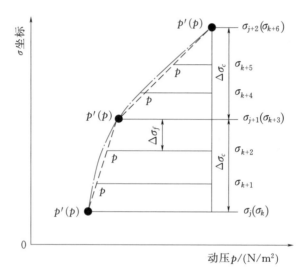

注：虚线，线性插值。点划线，抛物线插值。

图 2-3　动压垂向线性插值及抛物线差值示意图

2. 抛物线插值

抛物线插值是利用三个已知点构造二次抛物线曲线的插值方法，示意图见图 2-3，相邻两个粗网格节点间构造二次插值多项式：

$$p(\sigma) = a_0 + a_1(\sigma - \sigma_i) + a_2(\sigma - \sigma_i)^2 \tag{2-57}$$

式 (2-57) 满足条件

$$p(\sigma_i) = p_i$$
$$p(\sigma_{i+1}) = p_{i+1} \tag{2-58}$$
$$p(\sigma_{i+2}) = p_{i+2}$$

3. 三次样条插值

三次样条插值的数学表达式由分段三次多项式组成，在节点处具有连续性及一阶、二阶光滑性。样条插值克服了高次多项式插值可能出现的伪震荡问题，具有良好的稳定性和数值收敛性。

　　粗网格上的垂向网格满足 $0 \leqslant \sigma_1 < \sigma_2 L \sigma_i L \sigma_{j\max} < 1$，假设第 i 层网格中动压值满足三次多项式：

$$p^{(i)}(\sigma) = a_0^{(i)} + a_1^{(i)}(\sigma - \sigma_i) + a_2^{(i)}(\sigma - \sigma_i)^2 + a_3^{(i)}(\sigma - \sigma_i)^3 \qquad (2-59)$$

上式中有四个未知变量，在由 $j_{\max}$ 个垂向网格的算例中，要得到三次样条插值函数，需要 $4j_{\max}$ 个已知条件。根据样条函数的定义，样条函数必须满足在节点处的连续性条件：

$$\begin{aligned} p^{(i)}(\sigma_i) &= p_i \\ p^{(i)}(\sigma_{i+1}) &= p_{i+1} \end{aligned} \qquad (2-60)$$

式中：p_i、p_{i+1} 为节点处动压值。连续性条件可为插值函数的求解提供 $2j_{\max}$ 个已知条件。

　　由节点处的一阶、二阶导数的连续可知：

$$\begin{aligned} p^{(i)'}(\sigma_{i+1}) &= p^{(i+1)'}(\sigma_{i+1}) \\ p^{(i)''}(\sigma_{i+1}) &= p^{(i+1)''}(\sigma_{i+1}) \end{aligned} \qquad (2-61)$$

此条件为插值函数的求解提供 $2j_{\max} - 2$ 个已知条件。

　　总之，样条函数在节点处的连续性、一阶及二阶导数连续性为函数求解提供了 $2j_{\max} - 2$ 个已知条件。要唯一地确定垂向三次样条函数，需要补充两个边界条件。在底边界处不考虑底边界的变化，可以得到：

$$\frac{\partial p}{\partial \sigma} \Big|_{z=-h} = 0 \qquad (2-62)$$

　　在自由表面处，取动压值的二阶导数等于零，并满足自由表面边界条件：

$$\frac{\partial^2 p}{\partial \sigma^2} \Big|_{z=\eta} = 0 \qquad (2-63)$$

$$p \Big|_{z=\eta} = 0$$

　　由此，垂向网格间的三次样条插值函数可以唯一的确定。求解时系数矩阵为三对角矩阵，一般采用追赶法计算。

　　4. 四次样条插值

van Reeuwijk(2002) 将四次样条插值应用于动压值不同网格间的插值，得到了较好的计算结果，因此四次样条插值也作为 PDI 方法中插值方法的备选。插值函数如下所示：

$$p^{(i)}(\sigma) = a_0^{(i)} + a_1^{(i)}(\sigma - \sigma_i) + a_2^{(i)}(\sigma - \sigma_i)^2 + a_3^{(i)}(\sigma - \sigma_i)^3 + a_4^{(i)}(\sigma - \sigma_i)^4$$
$$(2-64)$$

式中有 a_1、a_2、a_3、a_4、a_5 五个未知变量，需要 $5j_{\max}$ 个已知条件才能唯一确定这些参数。首先为插值函数与模型计算的动压值一阶导数相等。

$$\frac{\partial p}{\partial \sigma}(\sigma_{i-1}) = \frac{p_i - p_{i-2}}{2\Delta\sigma}$$

$$\frac{\partial p}{\partial \sigma}(\sigma_i) = \frac{p_{i+1} - p_{i-1}}{2\Delta\sigma} \tag{2-65}$$

为满足动压值（p）在垂向上的导数（$\partial p/\partial\sigma$）在每个插值区间为单调函数，令插值函数在节点处的二阶导数值为零。

$$\frac{\partial^2 p}{\partial \sigma^2}(\sigma_{i-1}) = 0, \quad \frac{\partial^2 p}{\partial \sigma^2}(\sigma_i) = 0 \tag{2-66}$$

插值函数满足在节点处的连续性，以上一共提供了 $5j_{max}-1$ 个条件，为唯一的确定插值函数，需增加自由表面处动压值为零这一条件。

如上所述，为适应动压值（p）在垂向上的导数（$\partial p/\partial\sigma$）在每个插值区间为单调函数及 p 在垂向上为连续性函数这两个条件，van Reeuwijk 将四次样条插值满足的条件进行了改变，这里的四次样条插值已经不是严格意义的样条插值。van Reeuwijk 提出的四次样条插值不能满足节点处的函数值与计算值相等，也不能满足底面处的边界条件。但是因其在表面短波模拟中的成功运用，本书还是尝试在 PDI 方法中应用此方法。

前文所述四种插值方法，线性插值最为简单，计算量最小，但是在粗网格范围内得到的压力梯度为定值，且难以满足动压在底面的边界条件；抛物线插值和四次样条插值也存在不能满足底面处的边界条件的问题；只有三次样条插值能够满足动压值的在自由表面和底部的边界条件，这是三次样条插值计算最为准确稳定的原因，第3章将通过具体算例对比不同插值方法对非静压模型计算精度的影响。

2.2.3 PDI 方法的计算过程

采用 PDI 方法的非静压模型，计算过程仍采用分步法，由于采用两种网格分别求解泊松方程和其余方程，需对分步法的计算过程进行改进，增加不同网格间数据交换步骤，包括：泊松方程计算前将细网格得到的速度中间值插值到粗网格；泊松方程计算结束后将粗网格的动压值插值到细网格。模型单步算法仍采用龙格-库塔方法，对龙格-库塔方法两个阶段中求解动压值的分步法的改进步骤相同，因此本节只以龙格-库塔方法的第一阶段的 PDI 计算过程进行说明。图 2-4 描述了 PDI 方法的计算过程，一共分为六个步骤：

（1）在细网格中求解不含动压项的动量方程（2-34），得到速度中间值 U^*。

（2）通过分段平均法求得粗网格速度中间值 $U^{*'}$，分段平均法表达式如下：

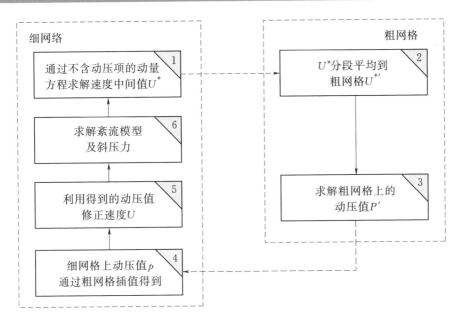

图 2-4 PDI 方法计算过程图

$$U^{*}{}' = \sum_{j=J_i}^{J_i+N_i-1} \frac{U^{*}}{N_i} \qquad (2-67)$$

式中：i 为粗网格上的网格编号；N_i 为在粗网格第 i 个网格内细网格的个数；J_i 为第 i 个粗网格中细网格编号的最小值。

（3）通过泊松方程（2-46）求解粗网格上的动压值（p'）。

（4）由粗网格的动压值通过插值得到细网格上的动压值（p）。

（5）通过上一步得到的动压值，利用方程（2-34）修正细网格上的速度场，并利用方程（2-8）更新自由表面水位。

（6）求解紊流模型，通过盐度、泥沙对流扩散方程（2-47）求解盐度、泥沙等物理量。

通过以上六个步骤，得到龙格-库塔方法第一阶段的速度值 $U^{(1)}$，第二阶段的计算以第一阶段的结果作为初始值，计算步骤与第一阶段相同，$n+1$ 时刻速度值可通过方程（2-35）计算得到。

2.3 水平方向 PDI 计算方法

若同时减少垂向与水平向的计算网格，泊松方程的计算量将大幅减少。但在水平向应用 PDI 方法存在与垂向应用不同的特点：其一，动压在水平向分布的复杂程度未知，因此能否成功应用 PDI 方法并不确定；其二，水平向的计算网格一般较多，若应用三次样条插值，插值的计算量也很大，因此只考虑线性插值；其三，并行计算时，水平向 PDI 方法会增加不同 CPU 间的数据交换次数，这也会增加计算时间，从而削弱 PDI 对计算效率的提高作用。由于以上特点，水平方向 PDI 并不作为研究的主要内容，但 PDI 方法的应用是有益的探讨。

2.4　本章小结

本章首先介绍了非静压模型 NHWAVE 的基本原理，然后在此基础上提出了提高非静压模型计算效率的 PDI 方法。PDI 方法的实质是通过减少求解泊松方程的计算网格，从而减少计算时间。基于 PDI 方法的非静压模型每次迭代过程共分为六步，相比传统的非静压模型，新的模型增加了细网格流速插值到粗网格和粗网格动压值插值回细网格两个计算步骤。

其中细网格流速插值到粗网格，采用分段平均的方法；粗网格动压值插值回细网格过程中插值方法的选择直接影响模型的计算精度，需要尽可能地适应动压值的物理特性，并满足边界条件的要求。本章考虑四种插值方法，分别为线性插值、二次抛物线插值、三次及四次样条插值，第 3 章将分别讨论四种插值方法对模型计算结果的影响。

3　非静压模型 PDI 计算方法的验证及应用

本章通过三个算例验证提出的 PDI 方法的准确性及对计算效率的影响，这三个算例分别为高频驻波在水槽中的传播、Lock - Exchange（LE）问题、内波在斜坡上的破碎问题。高频驻波在水槽中的传播算例是波浪模型中经典的验证算例，很多学者（Chen，2003；吕彪 等，2014）都用此算例验证波浪模型的准确性，因此驻波的模拟被首先用来检验基于 PDI 方法对于非静压模型精度的影响。通过不同的网格布置，揭示 PDI 方法对模型计算精度的影响规律；同时对比采用不同插值方法的计算结果，分析最优插值方法。另外两个算例都为斜压问题，在前人的模拟中（Klingbeil，Burchard，2013；Michallet，Ivey，1999），这两个算例的准确模拟需要较多的垂向网格（＞100层），所以计算比较耗时，可以通过应用 PDI 方法减少求解泊松方程的垂向网格数，提高计算效率。本章将 PDI 方法计算结果与全网格模型（未采用 PDI 方法进行网格分离的非静压模型）计算结果及计算时间进行对比，并定量分析了非静压模型采用 PDI 方法后的计算精度和计算效率的改变。基本结论是采用 PDI 方法可以在不明显影响非静压模型计算结果的前提下，大幅提高非静压模型的计算效率，同时本章内容还包括对 PDI 方法收敛性的探讨及水平方向 PDI 方法的分析。

3.1　高频驻波在水槽的传播模拟

两个波向相反，但波高、周期相同的微幅波相遇时，可形成驻波。在本算例中，水深相对于波长不是小量，属于短波问题，静压假设不适用。本算例可用于检验非静压模型模拟短波传播变化的能力，同时也可检测非恒定流的质量、能量守恒特性。

算例初始水位如图 3-1 所示，初始自由表面水位满足如下公式：

$$\eta(x) = A\cos(kx) \tag{3-1}$$

式中：$A=0.1\text{m}$，为波浪振幅；x 为距离水槽左侧边界的长度；$k=2\pi/L$，为波数；$L=20\text{m}$，为波长，波长与水槽长度相同，从而可在水槽内形成驻波。模型空间步长为 $\Delta x=0.2\text{m}$，时间步长由模型根据式（2-36）计算得到，模型计算时间为 30s。一般认为 $kh \geqslant 1$ 为高频短波，本算例考虑计算水深为 $h=10\text{m}$，对应的 $kh=\pi > 1$。

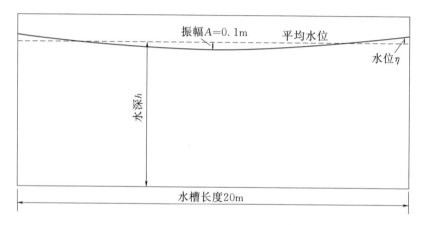

图 3-1 高频驻波在水槽传播算例的初始水位图

在本算例中驻波速度的垂向加速度与水平向加速度量级相同，静压假设不再适用。驻波的波速 c 与频率有关，这与长波波速只与水深有关是截然不同的。根据微幅波理论，$\sigma^2 = gk\tanh(kh)$，式中 $\sigma=2\pi/T$，$k=2\pi/L$。可以计算得到驻波的周期 $t=3.59\text{s}$。驻波波面方程为：

$$\eta(x, t) = a\cos(kx)\cos(\sigma t) \tag{3-2}$$

模型水平向计算网格数为 100。令 n_u 和 n_p 分别表示计算动量方程和泊松方程的垂向网格数，因此 (n_u, n_p) 表示模型算例垂向采用 n_u 层垂向网格求解动量方程，n_p 层垂向网格求解泊松方程。本算例垂向网格层数考虑四种情况，分别为 (20, 20)、(20, 10)、(20, 5)、(20, 4)。

图 3-2～图 3-5 分别为静压模型及 PDI 方法中采用线性插值、抛物线插值、三次样条插值和四次样条插值计算结果与理论值的对比图。三个特征点分别取在水槽左侧第一个网格中央（$x=0.1\text{m}$）处，水槽中央（10m）及水槽右侧边界与驻波波节中间（$x=17.5\text{m}$）。

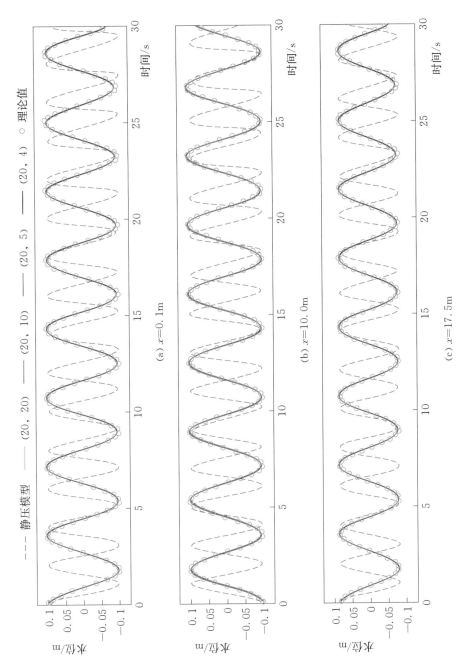

图 3 - 2　模型计算水位与理论值对比图（PDI 方法中插值方法为线性插值）

41

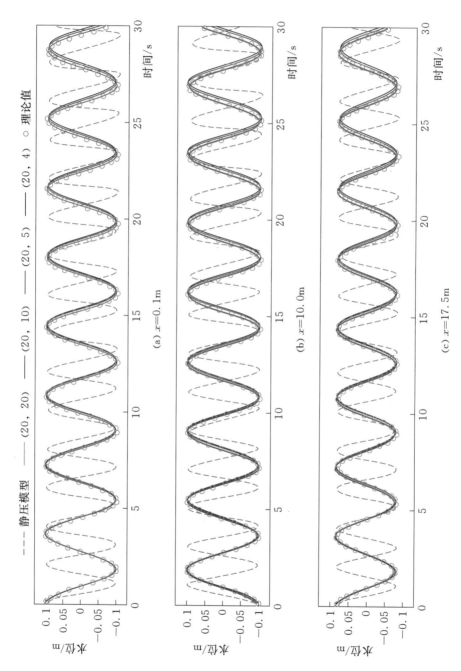

图 3-3 模型计算水位与理论值对比图（PDI 方法中插值方法为抛物线插值）

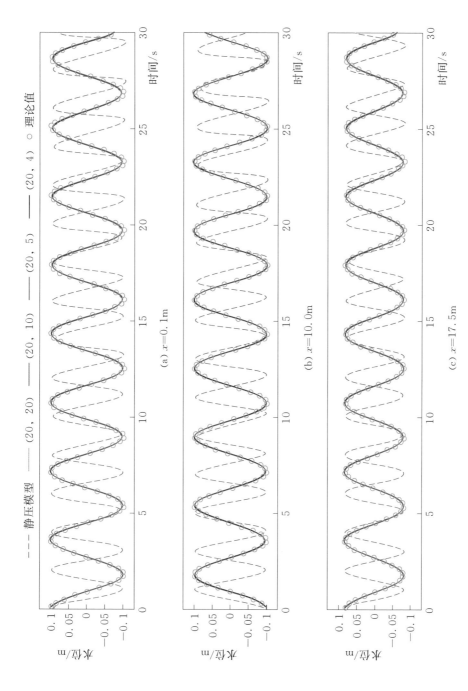

图 3 - 4　模型计算水位与理论值对比图（PDI 方法中插值方法为三次样条插值）

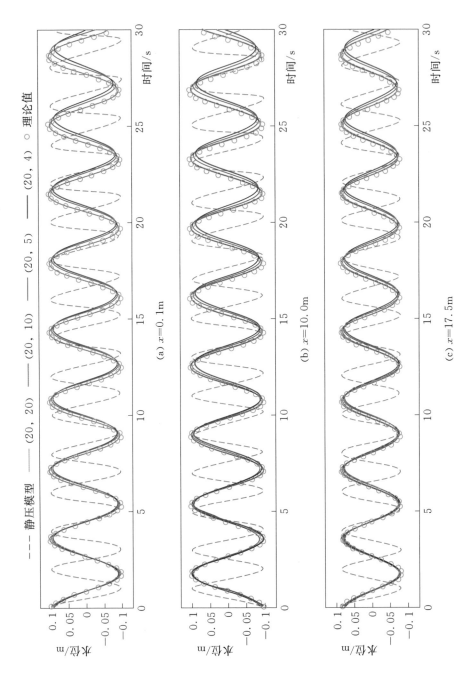

图 3-5 模型计算水位与理论值对比图（PDI 方法中插值方法为四样条插值）

(a) $x=0.1$m

(b) $x=10.0$m

(c) $x=17.5$m

　　可以看出，静压模型模拟的驻波周期与理论值有较大差异，这是因为本算例中静压假设不成立，静压模型不能准确模拟高频驻波的传播，高频驻波的传播模拟中动压不可忽略。

　　应用 PDI 方法，模型计算误差随着粗网格数的减少而增大，这在抛物线插值和四次样条插值的计算结果中最为明显，当粗网格数降为 4 层时，计算结果与理论值之间存在明显的相位差，说明这两类插值方法的稳定性和适应性不好，不能准确模拟短波问题。而采用线性插值与三次样条插值的 PDI 方法都能较好地模拟驻波的传播，尤其是三次样条插值的计算结果，即使将求解泊松方程的计算网格减少到 4 层，计算结果仍然与理论值吻合良好，而且与全网格模型计算结果没有明显差别，说明三次样条插值对于动压值垂向分布的近似是精确的，能够满足非静压模型的计算要求。

　　基于微幅波理论，微幅波场中任一点的波浪动压值可以表示为：

$$p = \rho g k_z \eta$$
$$k_z = \frac{\cosh k(z+h)}{\cosh kh} - 1 \qquad (3-3)$$

　　为进一步说明插值方法对非静压模型计算精度的影响，对不同时刻动压值垂向分布的模型计算值与理论值进行了对比。图 3-6～图 3-8 为水槽中央不同时刻（$t=10\mathrm{s}$，$20\mathrm{s}$，$30\mathrm{s}$）动压值垂向分布的模型计算动压值与理论值对比图。模型计算采用网格为（20，4）。当 $t=10\mathrm{s}$ 时，四种插值方法都能较好的模拟动压值，计算结果与理论值吻合较好；随着计算时间的增加，当 $t=20\mathrm{s}$ 时，采用抛物线插值和四次样条插值的模型计算结果与理论值出现明显偏差，在此时刻图 3-3 中可以看到计算水位与理论水位有明显的相位差，说明抛物线插值不能很好地重构细网格上的垂向动压分布，采用其他两种插值方法的模型计算值与理论值吻合较好；当 $t=30\mathrm{s}$ 时，四次样条插值模型的计算结果与理论值的偏差进一步加大，在底面处动压值的偏差超过 $300\mathrm{N/m}^2$，相对误差超过 75%；采用抛物线插值的计算结果也出现较大误差，在底面处的最大偏差超过 $200\mathrm{N/m}^2$；采用线性插值模型的计算结构开始偏离理论曲线，并出现了最大为 $50\mathrm{N/m}^2$ 的偏差；只有采用三次样条插值的模型计算结果依然与理论值吻合较好，说明在 PDI 方法拟采用的四种插值方法中，三次样条插值在重构细网格动压垂向分布中为最优方法，得到的动压值与理论值最为接近，对模型的精确度影响最小。

　　本算例中，采用三次样条插值能够准确模拟动压值，也是由三次样条插值的自身特点决定的。三次样条插值能够保证插值函数一阶、二阶导数连续，

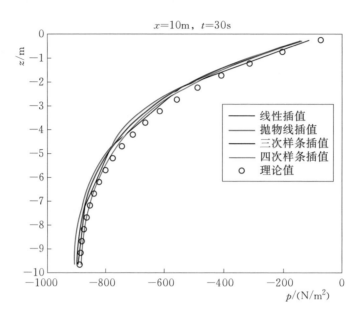

图 3-6 算例 (20, 4) 模型计算动压值与
理论值对比图 ($x=10$m, $t=10$s)

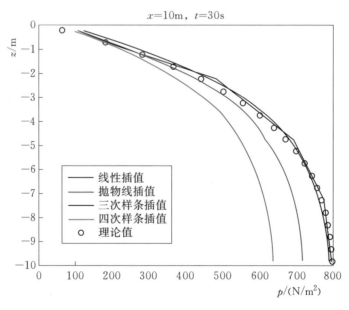

图 3-7 算例 (20, 4) 模型计算动压值与
理论值对比图 ($x=10$m, $t=20$s)

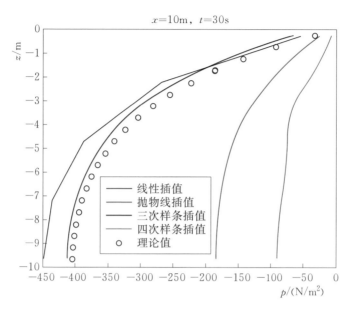

图 3 - 8 算例 （20，4） 模型计算动压值与
理论值对比图 （$x=10$m，$t=30$s）

且满足动压值在自由表面和底面边界条件，这是其他三种样条插值所不具备的。在下文的计算和分析中，模型计算都是基于采用三次样条插值的 PDI 方法。

动压值的误差会通过速度梯度对速度场产生影响，因此速度场的计算误差也可作为衡量 PDI 方法计算结果好坏的衡量标准。驻波场内任一点处水质点运动水平速度（u）和垂直速度（w）分别为：

$$u = A\sigma \frac{\cosh k(z+h)}{\sinh kh} \sin(kx) \sin(\sigma t)$$

$$w = -A\sigma \frac{\sinh k(z+h)}{\sinh kh} \cos(kx) \sin(\sigma t)$$

（3 - 4）

图 3 - 9、图 3 - 10 分别为模型计算 u、w 值与理论值的对比图，插值方法为三次样条插值。特征点水平位置选取与水位图 3 - 2～图 3 - 5 所取位置相同，垂直位置统一选为静水面以下 0.5m。其中水槽中间点图 3 - 9（b）为波腹点，水平速度恒为零，垂向流速及水面波动振幅具有最大值。对比三个特征点水平流速与垂向流速的大小，可以看出本算例中垂向流速与水平流速相比不是小值，在所取的三个特征点处垂向流速的最大值都要大于水平流速，因此不属于静压问题。垂向流速变化较大，静压模型难以准确模拟，计

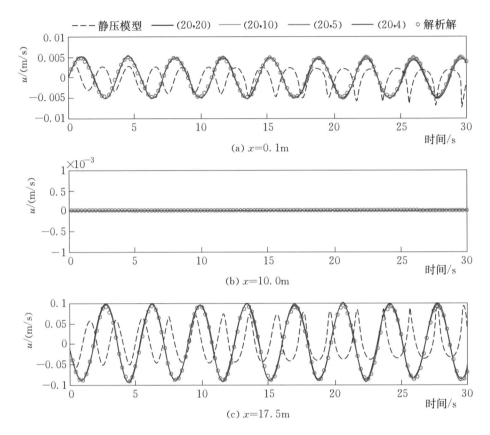

图 3-9   水平速度（u）与理论值对比图（PDI 方法中
插值方法为三次样条插值）

算结果与理论值相差甚远。而非静压模型，由于考虑了动压的作用，计算结果与理论值吻合较好，说明动压对于高频短波传播的精确模拟至关重要。同时，求解泊松方程的垂向网格从 20 层降为 4 层，对于水位和流速的计算结果影响很小，说明减少计算泊松方程的垂向计算网格数并不明显影响非静压模型的计算精度。

高频短波的模拟是一个典型的非静压问题，本节将 PDI 方法用于高频短波的模拟，一方面是可以检验不同的插值方法对于模型计算结果的影响；另一方面也可验证 PDI 方法的有效性。四种插值方法分别在四组不同的网格设置下计算本算例，计算结果显示三次样条插值的准确性和稳定性最好，而其他三种插值方法的计算误差随着压力网格数的减少而增大，因此 PDI 方法中选择三次样条插值作为动压值从粗网格到细网格的插值方法。同时，通过模

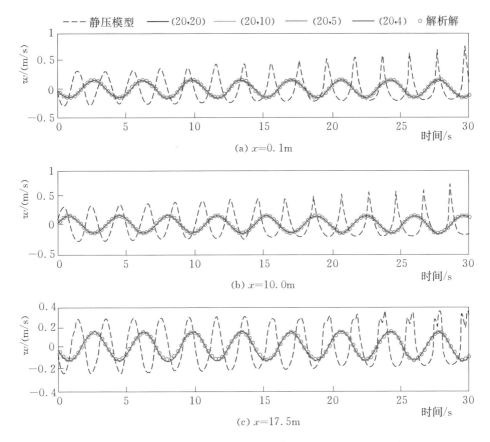

图 3－10　垂向速度（w）与理论值对比图（PDI 方法中
插值方法为三次样条插值）

型与理论值水位、流速的对比，可以看出 PDI 方法对于模型计算结果的影响
并不明显，速度网格采用 20 层，压力网格减少到 4 层，计算结果与理论值还
是一致的，且误差较小，这说明 PDI 方法应用于非静压模型是可行的。

3.2　Lock－Exchange 问题模拟

所谓 Lock－Exchange（LE）问题是指封闭水槽中由隔板隔开的不同密
度静止液体在去除隔板后的混合问题。根据初始状态下隔板两侧液体水深的
大小，可以将 LE 问题分为等水深问题和不等水深问题。在等水深 LE 问题
中，在去除隔板后，由于密度不同导致的斜压力的作用，在液体表层和底层
形成了速度相同、方向相反的两股重力流，此过程比较复杂，涉及一些独特

的物理现象：如盐度界面的盐淡水混合、K-H 不稳定性导致的涡的形成等。正因如此，LE 问题一直作为研究重力流时空变化的经典算例，从物理试验、数值模拟和理论研究方面被很多研究者所关注。

因 LE 问题是一个典型的非静压问题，因此本文利用 LE 算例检验 PDI 方法在盐淡水混合方面的应用效果，算例选为 LE 问题中的等水深问题。模型初始状态如图 3-11 所示，水槽被两种密度不同的流体充满，中间用隔板隔开。左侧流体为淡水，盐度为 0，密度设为 $\rho_1 = 999.972\text{kg/m}^3$；右侧流体的盐度为 1.3592psu，密度为 $\rho_2 = 1000.991\text{kg/m}^3$。模型中假设密度与盐度满足以下关系：

$$\rho = 999.972 \times (1 + 0.75 \times 10^{-3} S) \tag{3-5}$$

式中：S 为盐度。盐度分布为：

$$S(x,\ z) = \begin{cases} 1.3592 & x \geqslant 0.4\text{m} \\ 0 & x < 0.4\text{m} \end{cases} \tag{3-6}$$

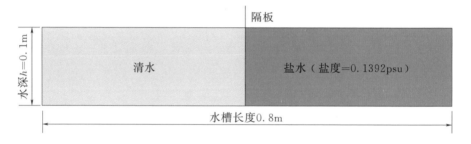

图 3-11 Lock-Exchange 算例初始状态图

计算水槽长度为 0.8m，初始水深为恒定值 0.1m，模型计算采用垂向二维，因此 y 方向网格数设置为 1。水平方向空间步长为 $\Delta x = 0.001\text{m}$，时间步长由公式（2-36）计算得到。采用 PDI 方法计算，计算网格采用（200，100）、（200，50）、（200，20）三种情况，计算结果分别与采用（200，200）、（20，20）网格的算例计算结果及静压模型计算结果进行对比。为避免二阶格式模型出现数值振荡，计算采用 Superbee 数值通量限制器，Superbee 格式的数值耗散较低，Ma et al.（2013）指出数值耗散的大小会对 LE 算例产生较大影响，数值耗散较大的格式会对 K-H 涡的模拟产生较大误差。

数值模型模拟中间隔板去掉后，水槽左右两部分不同密度液体的混合过程。在 $t=0$s，中间隔板被抽走，由于密度差的存在，形成了淡水沿表层向右，盐水沿底部向左的重力流。随着盐跃层速度梯度的增大，在盐跃层形成了 K-H 涡（见图 3-13）。K-H 不稳定性是 K-H 涡形成的直接原因，是指在有剪切速度梯度的连续流体内部或有速度差的两个不同流体的界面之间发生的不稳定现象，这种不稳定性广泛存在于大气、海洋及行星的云带中。K - H 不稳定性的产生与流速的剪切作用密切相关（吴祥柏，等，2008），流速剪切作用的强弱可以用理查德森数（Ri）数来描述，Ri 表示密度分层强度与流速剪切强度的比值。Ri 的计算公式如下：

$$Ri = \frac{N^2}{(\mathrm{d}u/\mathrm{d}z)^2}$$

式中：N 为 Brunt - Vaisaa 频率或称为浮力频率。盐度模拟中浮力频率一般由以下公式计算得到：

$$N = \sqrt{-\frac{g}{\rho}\frac{\mathrm{d}\rho}{\mathrm{d}z}} \tag{3-8}$$

Ri 是一个无量纲数，流体密度均一没有分层时，$Ri = 0$；$Ri < 0$ 分层是不稳定的；在均匀流情况下，$Ri < 0.25$，流体由层流向紊流过渡，这时流体微团的局地旋转频率超过了浮力频率，分层是不稳定的；在非恒定非均匀流情况下，这个临界值会比 0.25 大（Dyer，1998）。图 3 - 12 为 K - H 涡形成初期 Ri 数的分布图，图中虚线表示 $Ri = 0.25$ 的等值线。图中可以看出，在盐度界面，Ri 最小且小于 0.25，这说明剪切流速梯度在盐度界面处最大。在 K - H 涡的形成过程中，盐度界面的剪切流速梯度起着决定性作用，在隔板抽掉后的一段时间，流速较小，浮力占主导地位时，此时流体分层稳定，界面的 Ri 也较大；但随着剪切流速梯度的增大，剪切流速梯度逐渐占据主导地位，并首先在界面附近产生 $Ri < 0.25$ 区域，这时流体分层是不稳定的，当流速的剪切梯度大于密度层间的反向力矩时，流体的不稳定性产生。如图 3 - 12 所示，流体的不稳定首先表现在盐度界面形成波状扰动，且扰动形成后由于流速与盐度界面不再平行，扰动会进一步发展，形成如图 3 - 13 所示的 K - H 涡。K - H 涡的形成促进了不同密度流体间的混合，是导致河口盐

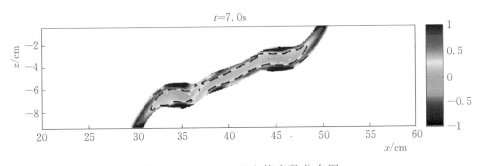

图 3 - 12　$t = 7s$ 理查德森数分布图

淡水混合的原因之一。

图 3-13 描述了非静压模型采用不同垂向网格计算结果，图中颜色表示 t =20s 时密度分布。图 3-13 分别为非静压模型采用（20，20）、（200，20）、（200，200）层垂向网格的计算结果，可以看出在本算例中 20 层垂向网格过于粗糙，不能正确模拟 K-H 涡的形成过程，包括 K-H 涡的水平尺寸、间距及涡的个数都不能准确模拟。而另外两组模拟的结果没有明显差异，这两组模拟的网格设置分别为（200，20）与（200，200）。采用 PDI 方法的非静压模型采用 20 层压力网格，能够准确模拟 K-H 涡的衍化过程，说明本算例中动压值的垂向分布不是特别复杂，PDI 方法能够准确的重构细网格的动压分布，也说明 PDI 方法的假设是合理的，垂向动压分布的计算不需要特别精细的网格。为探索本算例中能精确计算的最小压力网格数，将压力网格数减少到 10 层进行了计算，但是未能准确模拟 K-H 涡的衍化过程（具体的分析见下文关于 PDI 方法收敛性的分析），这说明本算例最小的垂向压力网格为 20 层。

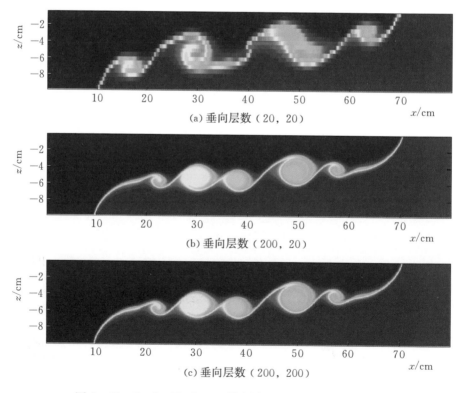

图 3-13 Lock-Exchange 算例中 t=20s 时密度分布图

通过图 3-13 定性的分析了不同网格设置下非静压模型的计算结果，为更准确地对比 PDI 方法与全网格模型计算结果，将水槽中央流速的计算值与理论值进行了对比。理论值由 Jankowski(1999) 提出，假设水槽长度无限时，速度理论值为 1.59cm/s。图 3-14 分别为不同的垂向网格布置下，非静压模型计算速度值与理论值的对比图。图中显示，计算速度值存在一个先增大后减小的过程，模型计算最大值略大于理论值，并从 $t=15s$ 开始，计算值略小于理论值。不同的垂向网格对于水槽中央表面及底部流速值的模拟结果影响不大，只有在速度增大段（$t<2s$）及减小段（$t>15s$）时，采用垂向网格布置为（20，20）的计算值略大于其他两种网格布置结果。模型在计算 $t=15s$ 后对于速度的低估，可能是由于模型计算水槽长度的限制，理论值是在水槽长度无限的条件下推导得到的，而计算的二维水槽长度仅为 0.8m，随着此盐度重力流靠近水槽边壁，边壁的存在必然影响重力流的移动速度，因此在水槽中央难以达到恒定的速度值。但可以看出采用 PDI 方法减少求解泊松方程垂向网格层数，对于模型流速计算结果没有影响，图中网格布置为（200，20）和（200，200）的算例计算得到的水槽中央表层及底层流速值是一致的，没有明显偏差。

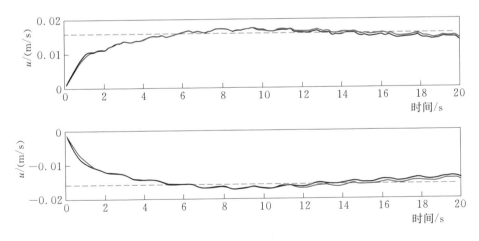

注：虚线，理论值（1.59cm/s）。蓝线，垂向层数（20，20）。
黑线，垂向层数（200，200）。红线，垂向层数（200，20）。
图 3-14 网格中央（$x=0.4m$）处表层（上图）与
底面（下图）水平流速时间序列图

为分析 PDI 方法对于不同物理量计算结果的影响，图 3-15 和图 3-16 分别对比了 $t=20s$ 时不同垂向网格不同条件下水平速度、盐度、垂向速度及

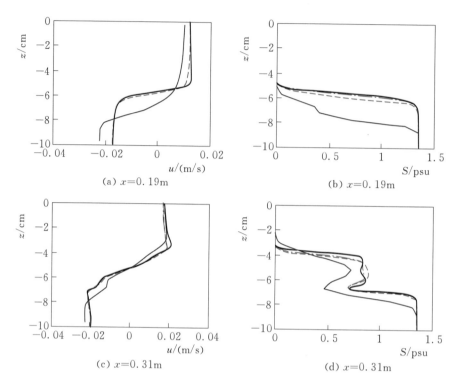

(a) $x=0.19$m

(b) $x=0.19$m

(c) $x=0.31$m

(d) $x=0.31$m

注：蓝线，垂向层数（20，20）。黑线，垂向层数（200，200）。红色实线，
垂向层数（200，20）。点划线，垂向层数（100，20）。虚线，垂向层数（50，20）。

图 3-15　不同垂向网格计算水平速度（u）、盐度（S）垂向分布对比图

动压的垂向分布。取 $x=0.43$m 和 $x=0.47$m 两点进行分析，为使所取两点
具有代表性，分别将其中第一点（$x=0.43$m）设置于两个涡之间，另一点
（$x=0.47$m）取值位于涡中间。首先可以看出，由于采用（20，20）层垂向
网格不能正确模拟 K-H 涡的衍化过程，因此对于所选四个物理量垂向分布
与采用（200，200）层垂向网格计算结果差别较大，尤其在涡中间点（$x=$
0.47m）；粗网格（20，20）对于动压值的模拟与细网格（200，200）的差别
最大，甚至出现了相异号的区域，说明动压值对于垂向网格的变化比较敏
感，但是由于垂向网格包括计算泊松方程的网格及计算其余方程网格，因此
究竟动压值对于哪种垂向网格的变化比较敏感需要进一步分析。图 3-15 和
图 3-16 中红色虚线、点划线、实线分别代表垂向网格数布置为（50，20）、
（100，20）、（200，20）的计算结果，可以看出随着速度网格数的增加，模
型计算结果收敛于细网格的计算结果，（200，20）层垂向网格的计算结果与
细网格结果吻合较好，说明动压值对于压力网格数的变化并不敏感，因此

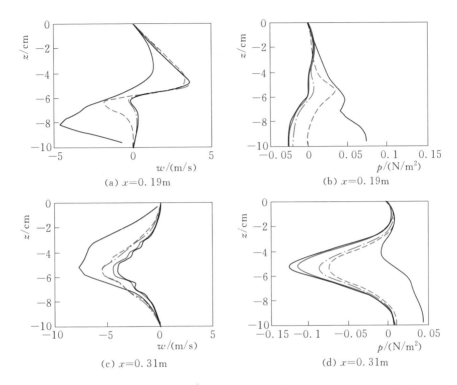

(a) $x=0.19\text{m}$ (b) $x=0.19\text{m}$

(c) $x=0.31\text{m}$ (d) $x=0.31\text{m}$

注：蓝线，垂向层数（20，20）。黑线，垂向层数（200，200）。红色实线，
垂向层数（200，20）。点划线，垂向层数（100，20）。虚线，垂向层数（50，20）。

图 3 - 16 不同垂向网格计算垂向速度（w）、动压（p）垂向分布对比图

PDI 方法的假设（动压值的计算，特别是垂向分布的计算，不需要特别精细的网格）是正确的。而在不改变压力网格的条件下，速度网格的增加可以提高动压值模拟精度，即精确的速度场可以产生精确的动压值，说明动压值对于垂向速度网格的变化比较敏感，精确的动压值模拟需要精确的速度场为基础。PDI 方法正是由于没有改变速度网格数，所以能够得到准确的动压值垂向分布，从而在大幅度减小压力网格的情况下，依然没有明显影响非静压模型的计算精度。

通过对比静压模型和非静压模型的计算结果，可以分析动压在 K - H 涡形成过程中的作用。图 3 - 17 为静压模型计算结果，垂向网格数为 200 层，静压模型未能模拟出 K - H 涡的形成，说明动压在 K - H 涡形成过程中起着关键作用。压力对于流体运动的作用是通过压力梯度施加的，因此图 3 - 18对比了同一时间动压水平梯度、垂向梯度与静压梯度的比值。在 $t=20\text{s}$ 时，动压的垂向梯度明显小于静压的垂向梯度，在大部分区域动压的垂向梯度约

为静压垂向梯度的 1/10000；而动压的水平梯度在大部分区域与静压水平梯度在量级上是相当的，在盐跃层附近动压的水平梯度甚至可以达到静压梯度的 100 倍。因此，可以认为动压在 K - H 涡形成过程中所起作用主要是通过水平梯度施加的。

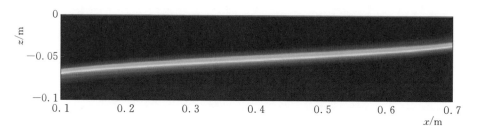

图 3 - 17　静压模型计算密度垂向分布图（$t=20\text{s}$）

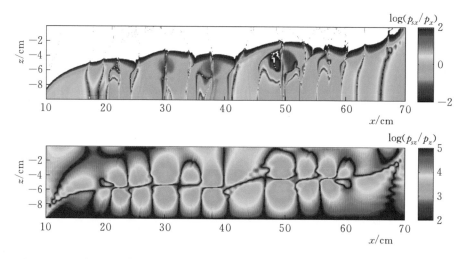

注：p_s 和 p 分别表示静压和动压；下标$(\,)_x$，$(\,)_z$ 分别表示在水平向和垂向的导数

图 3 - 18　静压与动压水平、垂直梯度比值图（$t= 20\text{ s}$）

涡度是速度的旋量（$\nabla \times \boldsymbol{U}$），常用于描述流体的旋转程度。为了解涡度的变化率，从而研究动压及静压在 K - H 涡形成过程的作用，首先通过分析涡度方程，研究动压与静压对涡度的贡献。不可压缩流涡度方程的表达式为：

$$\frac{\mathrm{d}\vec{\Omega}}{\mathrm{d}t} = (\vec{\Omega} \cdot \nabla)\boldsymbol{U} + \frac{1}{\rho^2}(\nabla\rho \times \nabla p_s + \nabla\rho \times \nabla p) + \nabla \times \left(\frac{\nabla \cdot \vec{\tau}}{\rho}\right) \quad (3-9)$$

式中$\vec{\Omega}$表示涡度，p_s 为静压，$\vec{\tau}$为切应力。方程右侧第一项代表涡的倾斜项或扩展项，在垂向二维问题中此项可以忽略；第三项为黏性项，本算例未考虑流体黏性，此项也可忽略，因此涡度的变化可由密度梯度与静压梯度及动压梯度的叉乘来度量。分别计算方程（3-9）第二项中密度梯度与静压梯度及动压梯度的叉乘值，即可得到静压项与动压项对涡度变化的贡献。图 3-19 为静压与动压对涡度贡献的比值，比值的计算公式如下：

$$r_{vor} = \log_{10}\left(\frac{\nabla\rho \times \nabla p_s}{\nabla\rho \times \nabla p}\right) \tag{3-10}$$

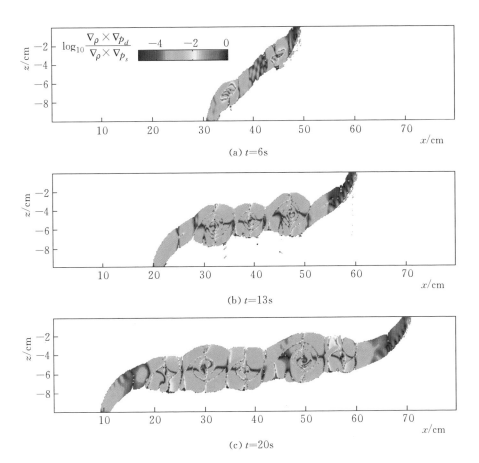

图 3-19　不同时刻（$t=$ 6s、13s、20s）动压与静压对于涡度贡献值对比图

图中选取三个时刻（$t=6s$，$13s$，$20s$）分别计算 r_{vor} 值，结果显示，静压项的贡献一般是动压项贡献的 $10\sim10^5$ 倍，即动压项贡献的最大值也仅为静压项的 $1/10$，这说明静压项在涡度变化中起着决定性作用。静压值的准确模拟是以精确的速度场及密度场为基础的，因此需要精细的垂向网格，这就解释了为什么（20，20）的粗网格不能准确模拟 K-H 涡的衍化过程。此

外，静压模型不能模拟出 K - H 涡，说明动压值在涡的形成中起着促进作用，动压的存在能够促进 K - H 不稳定性的产生。

综上所述，通过 PDI 方法，求解泊松方程垂向网格数仅为动量方程网格数 1/10 的情况下，非静压模型依然能够得到准确的模拟结果，PDI 方法对于速度、盐度、动压垂向分布的影响很小，显示 PDI 方法对于非静压模型计算精度的影响很小。动压值、涡度地准确模拟都需要以准确的速度场及密度场为基础，因此求解动量方程需要精细的垂向网格。动压值在涡的形成中起着促进作用，K - H 涡形成过程中动压的作用主要是通过水平梯度施加的。

3.3　内波在斜坡上破碎的模拟

海洋内波是在海洋内部密度不均匀水体间发生的一种波动。当内波传播到海岸地区，受地形影响，产生反射，并与剪切流场相互作用，使密度面变陡甚至发生翻转，产生流场的不稳定，当发生密度翻转或紊流、能量耗散时，即发生内波的破碎。内波破碎不稳定性的诱导因素有两种：对流不稳定性和 K - H 不稳定性（或称为剪切不稳定性）（李丙瑞，2006；梁建军，杜涛，2012）。其中对流不稳定性属于静力不稳定性，是指当内波波陡较大时，流体微团的速度超过内波的相速度，从而产生的密度翻转，对流不稳定性维持足够的时间，当流速的剪切梯度大于密度层间的反向力矩时，产生 K - H 不稳定性（Thorpe，1999），这与 LE 算例中涡的产生机理是一致的。内波的破碎是内波能量耗散的主要途径，在河口海岸区域，内波的破碎引起强烈的密度混合，影响水中泥沙、水生生物、化学物质的输移（Imberger，1998），并且由于内波破碎时水质点流速较大，会对水工建筑物产生破坏。因此，研究内波的破碎具有重要的实际意义和学术价值。本算例旨在研究 PDI 方法对于非静压模型在内波在斜坡上的破碎问题模拟的影响，并研究动压在内波破碎过程中的作用。

Michallet、Ivey（1999）通过物理试验研究了内波在斜坡上浅化、破碎引起的密度混合问题，并在不同尺度内波、底坡条件下讨论了混合效率的问题。但由于观测条件的限制，对于内波破碎过程的密度场、紊动动能等没有给出详细的时空分布，因此需要数学模型的计算作为补充，从而深入细致研究内波的破碎问题。

Berntsen et al.（2006），Klingbeil、Burchard（2013）对上述物理模型

进行了数值模拟，模拟结果与物理试验吻合较好，因此本算例采用相同的参数设置。模型初始状态如图 3-20 所示，计算区域为一个二维水槽，水槽长度为 165cm，水平网格数为 660，空间步长为 0.25cm，垂向网格考虑五种情况，分别为：（200, 200）、（200, 20）、（100, 20）、（50, 20）、（20, 20）。右侧斜坡坡度为 0.214，坐标原点设置为斜坡与底面交界处，距水槽左侧边界为 102cm，原点左侧水深为恒定值（$H=15$cm）。初始状态盐度分布为：

$$\rho = \rho_1 + \frac{\Delta\rho}{2}\left\{1 + \tanh\left(\frac{z - z_i - \zeta}{\Delta h}\right)\right\} \qquad (3-11)$$

式中：$\rho_1 = 1000$kg/m³，为上层水体密度，底层水体密度大于表层；$\Delta\rho = 12$kg/m³；$z_i = 0.16H$，为盐跃层与静水面的距离；$\Delta h = 1.4$cm，为盐跃层的厚度；ζ 为初始状态水槽左侧内波波面的位置图，表达式如下所示：

$$\zeta = 2a_0\ \text{sech}^2\left[\frac{(x - x_0)}{2W}\right] \qquad (3-12)$$

其中 $a_0 = 3.1$cm，x_0 代表原点位置，在本算例中 $x_0 = -102$cm。宽度 W 的表达式为：

$$W = \frac{2h_1 h_2}{\sqrt{3a_0(h_2 - h_1)}} \qquad (3-13)$$

式中：h_1 和 h_2 为表层与底层流体的深度，$h_1 = 0.024$m，$h_2 = 0.126$m。模型底部粗糙高度设置为恒定值为 0.001m，涡黏系数为常数（10^{-6}m²/s）。

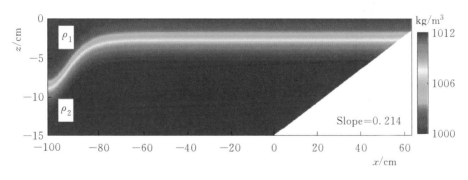

图 3-20 初始盐度分布图

图 3-21 中可以看出，当内波靠近斜坡，内波前锋平行于斜面，底层流体沿斜坡向下移动形成很强的下坡流动；同时内波背面底层高密度流体随内波从斜坡底部向上部传播，形成上坡流动。当这两股流动相遇时，会

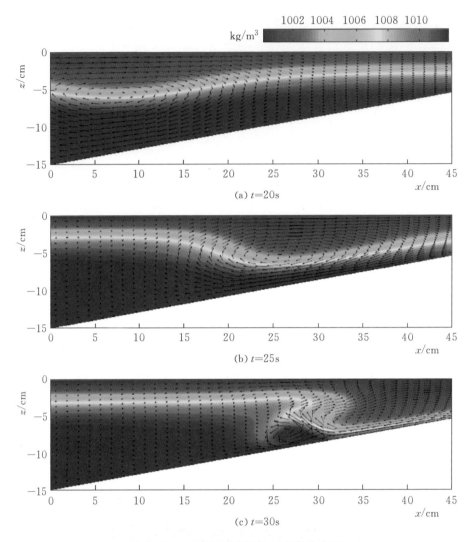

图 3-21　不同时刻密度、速度分布图

使底层高密度流体垂向速度增大，如图 3-21（b）所示，$t=25s$ 时，在 $x=20cm$ 附近，由于垂向速度增大，使速度方向与盐跃层垂直，这一状态是不稳定的，当界面处高密度流体微团的速度大于内波相速度，流体即可进入对流不稳定状态，并随着流速剪切梯度的增大，流体逐渐克服密度层间的反向力矩，从而产生密度翻转，引起内波破碎，此时 $Ri<0$，流体进入 K-H 不稳定性状态 ［图 3-21（c）］。内波的破碎过程导致内波底部紊流的增强，如图 3-21（c）所示，可以明显观察到紊流涡的形成，这一过程内波能量将迅速耗散。

图 3-22 为静压模型、非静压模型计算结果与试验结果对比图，静压模型计算与非静压模型参数设置相同。图 3-22 中箭头表示速度矢量，颜色深浅为密度分布。图 3-22 (a) 为 $t＝33.5s$ 时的密度和速度分布，图 3-22 (b)、(c) 分别与图 3-22 (a) 间隔 1.1s，2.5s。这三幅图描述了内波破碎后底部紊流涡形成和衍化过程。内波破碎后，由于底层高密度流体速度大于内波波速，底层高密度流体质点冲出盐度界面进入上层低密度流体内，并伴随内波底部紊流涡产生图 3-21 (c)。图 3.22 (a) 中可以看到当内波破碎后，在盐跃层附近存在底层顺时针涡旋、表层逆时针涡旋，且逆时针涡旋强度弱于底层顺时针涡旋强度。在内波沿斜坡上溯的过程中，底部紊流涡的强度和尺度增大，在图 3-22 (c) 时发展到最大。图中可以看出，非静压模型计算虽然未包含紊流模型，对于紊流涡尺度及速度矢量的模拟与试验观测是一致的，包括内波破碎后盐淡水的混合过程都能得到很好的模拟，但也存在紊动模拟偏小的情况 3-22 (f)。Bourgault et al.（2004）指出这是由于在内波破碎后，随着密度线的翻转，产生横向对流团，内波破碎由二维迅速发展到三维，而本书的模拟是垂向二维的，所以会出现紊流的低估。但相比静压模型，非静压模型的优势非常明显，图中静压模型的模拟结果与实测结果相差甚远。本算例中内波波长很小，为短波问题，内波在传播到斜坡的过程中，垂向速度与水平速度在量级上是相同的，所以垂向速度的变化不能忽略不计，不符合静压假定。

为验证 PDI 方法在本算例中的效果，首先对比了垂向网格为 (20，20) 和 (200，20) 的速度及密度分布（图 3-23），图形输出时间与图 3-22 相同。对比图 3-22 中物理试验结果，非静压模型采用粗网格 (20，20) 能够模拟内波破碎过程中密度翻转及紊流涡的形成；与静压模型计算结果对比，非静压模型即使垂向采用粗网格，模拟结果也明显优于静压模型；相比细网格计算结果，粗网格模拟在涡旋尺度及速度值大小的模拟上不如细网格精确。图 3-23 右侧图为采用 PDI 方法后非静压模型计算结果，网格设置为 (200，20)，可以看出非静压模型采用 PDI 方法后计算结果与全网格模型结果是相同的，说明 PDI 方法能够准确模拟内波破碎过程中动压的变化，这也说明在内波破碎过程中，动压值的垂向分布并不像速度值的垂向分布一样复杂，也可说明内波破碎过程中密度的翻转和紊流涡的产生和变化准确模拟的关键是对于速度场和盐度场的模拟，动压值的分布相对简单，不需要特别精细的网格。

图 3-24、图 3-25 对比了不同垂向网格设置下计算的速度、盐度、动压

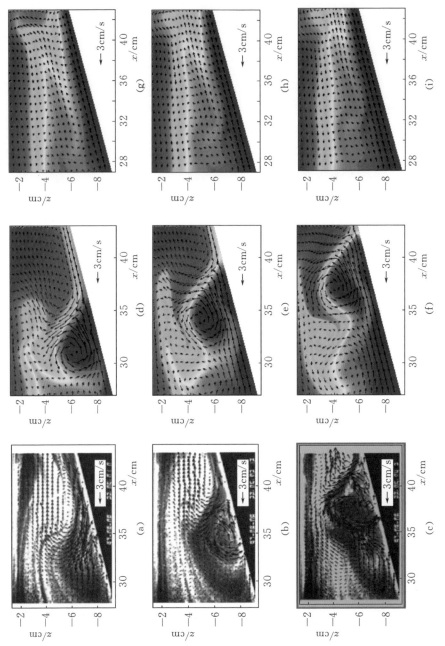

图 3 - 22 物理试验结果（左）与非静压模型计算结果（中），静压模型计算结果（右）对比图

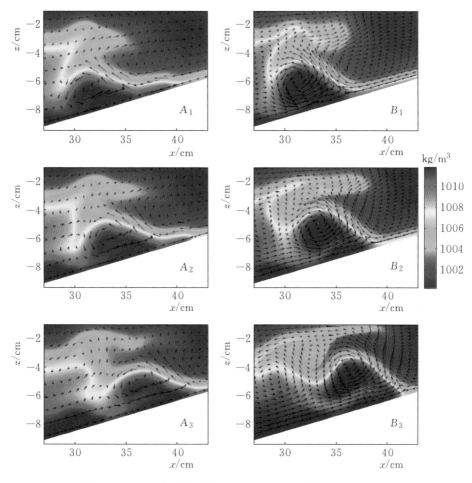

图 3 - 23　不同垂向网格（20，20）（左图）、（200，20）
（右图）密度、速度分布对比图

的垂向分布，特征点取为 $x = 33$cm，40cm，两个特征点分别位于紊流涡内部
和内波下坡流动区域，时间为 $t = 33.5$s，与图 3 - 22（a）时刻相同。图中可
以看出，粗网格的计算结果与全网格计算结果偏差最大，网格设置为（200，
20）的计算结果与全网格结果最为接近，尤其是在水平流速和盐度分布的模
拟中，差别最小。保持压力网格数为恒定值 20，速度网格数从 20 增加到
200，模型计算值逐渐收敛于全网格模型计算值，说明增加速度网格数有利
于非静压模型计算精度的提高。而采用 PDI 方法把压力网格从 200 层减少到
20 层，对于模型结果影响很小，说明动压值的准确模拟不需要特别精细的压
力网格，这与 LE 算例的结论是一致的。

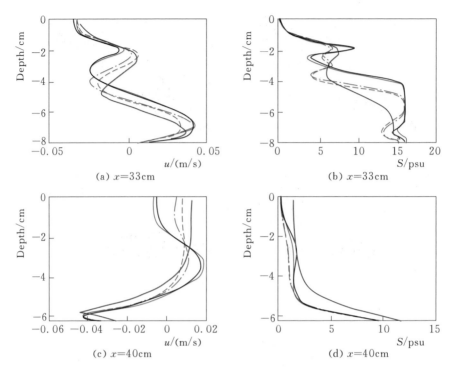

(a) $x=33\text{cm}$

(b) $x=33\text{cm}$

(c) $x=40\text{cm}$

(d) $x=40\text{cm}$

注：蓝线：垂向层数（20，20）。黑线：垂向层数（200，200）。

红色实线：垂向层数（200，20）。点划线：垂向

层数（100，20）。虚线：垂向层数（50，20）。

图 3-24　不同垂向网格计算水平速度（u）、盐度（S）垂向分布对比图

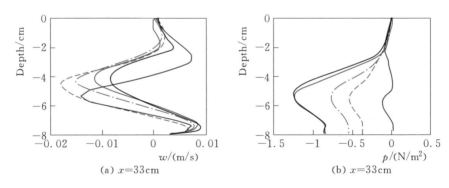

(a) $x=33\text{cm}$

(b) $x=33\text{cm}$

注：蓝线，垂向层数（20，20）。黑线，垂向层数（200，200）。红色实线，

垂向层数（200，20）。点划线，垂向层数（100，20）。

虚线，垂向层数（50，20）。

图 3-25（一）　不同垂向网格计算垂向速度（w）、

动压（p）垂向分布对比图

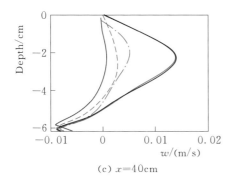
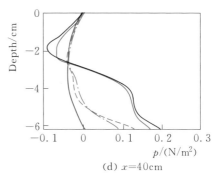

(c) $x=40\text{cm}$　　　　　　　　　　(d) $x=40\text{cm}$

注：蓝线，垂向层数（20，20）。黑线，垂向层数（200，200）。红色实线，
垂向层数（200，20）。点划线，垂向层数（100，20）。
虚线，垂向层数（50，20）。
图 3-25（二）　不同垂向网格计算垂向速度（w）、
动压（p）垂向分布对比图

　　内波在斜坡上的破碎问题，同时包含盐度分层、短波问题、地形变化
的模拟，静压模型难以准确模拟，而非静压模型能够准确模拟内波破碎中
密度翻转和紊流涡的形成。非静压模型应用 PDI 方法，将压力网格数从
200 减少到 20，对于非静压模型的计算精度影响不大，说明内波破碎问题
中动压的垂向分布并不复杂，精确地数值模拟也不需要特别精细的垂向网
格，同时证明了 PDI 方法的假设是正确的，在非静压模型中应用 PDI 方法
是合理有效的。

3.4　PDI 方法对非静压模型计算精度的影响

　　前文已经对 PDI 方法对于非静压模型计算精度的影响进行了定性分析，
可以看出 PDI 方法对于非静压模型计算结果影响很小，但是具体到对每个物
理量（如速度、盐度、动压值等）影响程度的相对大小，并没有定量的分
析。因此，本节通过误差分析的方法定量分析非静压模型应用 PDI 方法后计
算结果的改变幅度。算例一因存在理论值，误差计算为模型计算值与理论值
的误差；LE 和内波破碎算例只有数值解，因此误差计算为不同网格设置计
算结果与全网格模型计算结果的差值。

　　算例一（驻波的传播问题）中，通过计算模型模拟值与理论值的偏差分
析 PDI 方法对于非静压模型精度的影响，偏差计算公式如下：

$$Error = \frac{1}{H}\sqrt{\frac{1}{N}\sum_{j=1}^{N}(\eta_a^n - \eta_j^n)^2} \qquad (3-14)$$

式中：η_a^n，η_j^n 为 $x=17.5\text{m}$ 处水位的理论值和计算值；N 为输出数据个数；H 为 $x=17.5\text{m}$ 处的波高。

图 3-26 为驻波传播模拟算例计算值与理论值计算误差变化图，图中实线为应用 PDI 方法非静压模型计算结果，横坐标为 n_p、n_v 为恒定值 20，虚线为全网格模型计算结果，图中 k、h 分别为波数和水深，kh 数值越大表示波的弥散性越强。图中可以看出，非静压模型计算误差随着垂向网格数的增加而减小，且随着 kh 的增大而增大。由于 PDI 方法中速度网格统一设置 20 层，速度网格层数多于图中全网格模型的计算网格，因此 PDI 方法计算误差要小于全网格模型。随着压力网格的增加，PDI 方法的计算误差也呈减少的趋势。另外，可以发现应用 PDI 方法，减少垂向压力网格数（尤其是当压力网格数减少到 4 层），模型计算误差比全网格模型采用 20 层的计算误差要大，说明 PDI 方法对于模型计算结果是有不利影响的，但是 PDI 方法带入的误差可以控制在一定范围内，并没有对模型整体计算结果产生明显改变，若 PDI

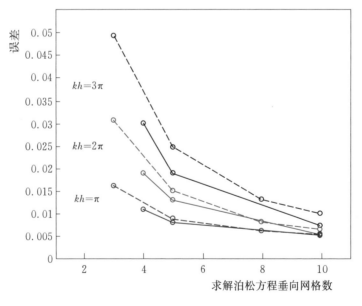

注：实线，应用 PDI 方法的非静压模型计算结果，求解动量方程
垂向层数恒为 20。虚线，全网格模型计算结果。

图 3-26　驻波传播模拟算例计算值与理论值计算误差

方法同时能较大提高非静压模型计算效率，可以认为 PDI 方法的提出和应用是成功的。

LE 算例和内波破碎算例误差计算采用如下公式：

$$\mathrm{NRMSE}(t) = \sqrt{\frac{\sum\limits_{i=1}^{N}(X_i - X_i')^2}{\sum\limits_{i=1}^{N}X_i'^2}} \qquad (3-15)$$

式中：N 为样本数；X_i' 为在第 i 点某一物理量（速度、盐度、动压）的垂向均值的全网格计算结果；X_i 为某一物理量垂向均值的不同网格设置下计算结果。其中 LE 算例中取 $t=20\mathrm{s}$ 时的计算结果，内波破碎算例取值时间为 $t=30\mathrm{s}$。

表 3-1 和表 3-2 分别为 LE 算例和内波破碎算例模型计算误差表。误差计算结果与上文定性对比分析的结论是一致的，首先可以看到粗网格（20，20）的计算误差最大，随着速度网格的增加，在应用 PDI 方法保持压力网格为定值（20）的情况下，模型计算误差逐渐减小。保持速度网格不变，减小压力网格，模型计算误差增大，但在压力网格减少 90% 的情况下，模型最大误差出现在 LE 算例动压值中，误差为 9.41×10^{-3}，这一数值很小，对模型其他物理量计算结果的影响也很有限，因此可以说明 PDI 方法对于模型计算精度的影响很小，能够满足计算的需要。

表 3-1　　　Lock-Exchange 算例不同垂向网格布置计算与
（200，200）层垂向网格计算结构相对误差

算　例	动压/(N/m^2)	盐度/psu	u/(m/s)	w/(m/s)
（20，20）	5.14×10^{-2}	3.73×10^{-2}	1.27×10^{-3}	4.29×10^{-3}
（50，20）	3.39×10^{-2}	1.32×10^{-2}	9.73×10^{-5}	6.03×10^{-4}
（100，20）	2.72×10^{-2}	7.71×10^{-3}	6.30×10^{-5}	2.71×10^{-4}
（200，20）	9.41×10^{-3}	3.79×10^{-3}	2.43×10^{-6}	6.70×10^{-5}
（200，50）	2.32×10^{-3}	2.51×10^{-4}	6.76×10^{-7}	5.50×10^{-6}
（200，100）	3.06×10^{-4}	7.13×10^{-5}	3.61×10^{-7}	2.01×10^{-6}

表 3-2 内波在斜坡上破碎算例不同垂向网格布置计算与
(200，200) 层垂向网格计算结果相对误差

算　例	动压/(N/m²)	盐度/psu	u/(m/s)	w/(m/s)
(20，20)	2.06×10^{-1}	1.80×10^{-1}	1.72×10^{-3}	2.76×10^{-3}
(50，20)	9.71×10^{-3}	2.77×10^{-3}	2.31×10^{-5}	1.91×10^{-4}
(100，20)	7.02×10^{-3}	1.53×10^{-3}	1.42×10^{-5}	6.01×10^{-5}
(200，20)	5.46×10^{-3}	6.90×10^{-4}	8.05×10^{-6}	4.33×10^{-5}
(200，50)	2.34×10^{-3}	2.70×10^{-4}	4.30×10^{-6}	8.11×10^{-6}
(200，100)	6.77×10^{-4}	8.98×10^{-5}	1.01×10^{-6}	3.04×10^{-6}

3.5　PDI 方法对非静压模型计算效率的影响

判定 PDI 方法成功的关键指标为计算精度和计算效率，前文已经对 PDI 方法的计算精度进行了分析，本节从全网格模型和 PDI 方法模型在计算泊松方程时计算时间的差异的角度，分析 PDI 方法对于非静压模型计算效率的影响。为避免不同计算节点间数据交换对于模型计算时间的影响，本节的分析基于 NHWAVE 的串行版本，对于 LE 算例和内波破碎算例各计算 5s，记录不同网格设置下模型计算泊松方程的时间。图 3-27 模型求解泊松方程时间与垂向网格数的关系图，图中 r_p 为不同网格设置下模型计算泊松方程时间与粗网格计算泊松方程时间的比值，公式如下：

$$r_p = \frac{t}{t_{20}} \tag{3-16}$$

式中：t 为模型计算泊松方程所需时间。t_{20} 为粗网格 (20，20) 计算泊松方程的时间。

图 3-27 中实线表示全网格模型的计算时间，可以看出在两个算例中，计算时间随压力网格的增加呈线性增加，当网格从 20 增加到 200，LE 算例和内波破碎算例在计算泊松方程中计算时间增加了 8.4 倍和 7.5 倍，所以随着网格数的增加，泊松方程的计算时间的增加是非常显著的；而虚线代表的 PDI 方法，计算泊松方程的时间在两个算例中仅增加了 0.5 倍和 0.3 倍，增加的时间主要来自动压值从粗网格到细网格的插值计算，两个算例中 PDI 方法节约的时间都为细网格泊松方程计算时间的 84% 左右，因此 PDI 方法可以显著提高非静压模型的计算效率。

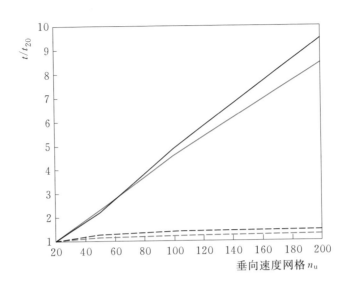

注：t_{20} 是采用（20，20）层垂向网格的计算时间。黑线，Lock‐Exchange算例。
红线，内波在斜坡上的破碎算例。实线，全网格模型。虚线，PDI方法。

图 3‐27　模型求解泊松方程时间与垂向网格数的关系图

3.6　PDI 方法的收敛性分析

　　数学模型的收敛性与数值格式密切相关，可以通过加密网格或者减小时间步长来测试，因此可以通过设置不同的网格测试 PDI 方法的收敛性。同时 PDI 方法的收敛性还受具体算例物理过程的影响，所以对 LE 和内波破碎算例分别进行测试。测试算例分别采用四种网格设置（200，200）、（200，20）、（200，15）、（200，10），通过特征点动压值随网格的变化，说明 PDI 方法的收敛性。

　　图 3‐28、图 3‐29 分别为 LE 算例和内波破碎算例不同网格设置下动压值垂向分布对比图。其中图 3‐28 特征点坐标为 $x=0.4$m，时间取为 $t=5$s；其中图 3‐29 特征点坐标为 $x=-65$cm，时间取为 $t=5$s。图中可以看出，随着压力网格的增加，动压值逐渐靠近全网格计算结果，说明 PDI 方法具有很好的收敛性。在 $t=5$s 时，模型压力网格为 10 和 15 计算结果与全网格模型差别较大，随着计算时间的增加，误差会继续增大，因此上述两个算例中 PDI 方法中最小的压力网格数为 20，压力网格小于 20 不能准确模拟动压值的变化。但是，这并不意味着所有算例应用 PDI 方法的最小压力网格为 20，

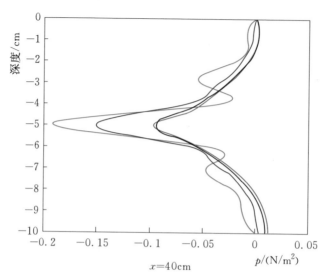

注：黑线，（200，200）。红线，（200，20）。
蓝线，（200，15）。绿线，（200，10）。

图 3 - 28　LE 算例中 $t=5\mathrm{s}$ 时不同网格设置下
动压值垂向分布对比图

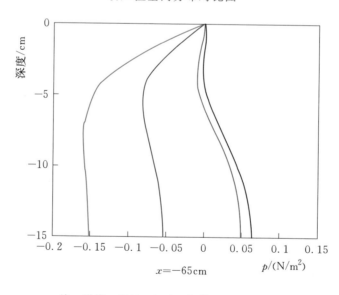

注：黑线：（200，200）；红线：（200，20）；
蓝线：（200，15）；绿线：（200，10）。

图 3 - 29　内波破碎算例中 $t=5\mathrm{s}$ 时不同网格设置下
动压值垂向分布对比图

PDI 方法的收敛性与算例具体的物理特性有关，目前还没有很好的预先判断 PDI 方法所需最小压力网格数的方法，因此应用 PDI 方法时需要进行试算，找出最小压力网格数，对于确定 PDI 方法所需最小压力网格数方法的研究需要在以后的工作中进一步开展。

3.7 水平向 PDI 方法的应用探讨

PDI 方法在垂向的成功应用促使尝试在水平方向应用 PDI 方法，相对于垂向，在水平方向上应用 PDI 方法在计算步骤上并没有区别，计算步骤可参照图 2-4，但是在插值方法上还是存在明显区别。水平方向计算网格一般较多，这给应用三次样条插值带来两个困难：一是插值方法本身的计算量较大，这会削弱 PDI 方法对于计算效率的提高幅度；二是由于非静压模型一般需要并行计算，水平方向的插值涉及不同核的数据交换，这一过程也极为耗时。因此，水平方向 PDI 方法只能考虑低阶插值方法，本节以线性插值为例说明 PDI 方法在水平方向的应用效果。

首先以算例一（驻波）为例，说明水平方向 PDI 方法在短波模拟中的影响。算例速度网格，时间步长，参数设置与上文所述相同，垂向网格统一设置为 4 层，水平压力网格考虑三种情况，分别为（100，100）、（100，50）、（100，25），括号中数字分别代表（n_u，n_p），这与垂向 PDI 方法中意义相同。图 3-30 对比了不同网格设置下模型计算水位与理论值，可以看出在减少 50％水平网格的情况下，模型对于水位的模拟值与理论值吻合较好，而当网格减少 75％时，模型计算值与理论值存在微小的相位差。这说明动压值的模拟对于水平方向网格的变化比较敏感，水平向 PDI 方法无法做到在大幅减

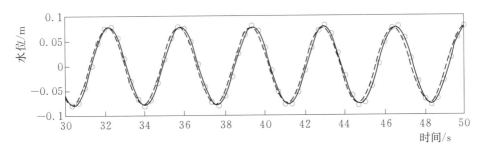

注：实线，水平网格（100，50），垂向网格（4，4）。

虚线，水平网格（100，25），垂向网格（4，4）。

图 3-30 模型计算水位与理论值对比图

少压力网格数的前提下不明显影响模型计算精度。另外两个算例的计算结果也是类似的，水平方向压力网格数最多减少 50%，才能保证非静压模型的计算精度。这一结果与 LE 算例中认为动压的作用主要是通过水平梯度施加的是一致的，说明水平方向压力网格的精细程度对于动压值的准确模拟至关重要，也就是水平方向动压值的精确模拟需要精细的网格，这与 PDI 方法的基本假设是矛盾的，所以 PDI 方法并不适宜应用于水平方向的计算。

3.8　本章小结

本章通过三个算例：驻波的传播、LE 算例和内波破碎算例，验证了PDI 方法的应用效果。首先通过驻波的传播算例，对比了 PDI 方法采用不同插值方法对于非静压模型模拟结果的影响；然后将 PDI 方法应用于 LE 问题和内波在斜坡上的破碎问题中，并分析了 PDI 方法对于非静压模型计算精度和计算效率的影响，最后分析了 PDI 方法的收敛性及水平方向应用 PDI 方法的可能性。主要结论如下：

（1）对比不同的插值方法，发现采用三次样条插值的 PDI 方法对于模拟计算结果的影响最小，计算稳定性最好，因此将三次样条插值作为 PDI 方法中的标准插值方法。

（2）PDI 方法对于非静压模型的计算精度影响有限，垂向压力网格在减小 90% 情况下，计算结果与全网格模型结果差异很小，且 PDI 方法具有很好的收敛性，这说明 PDI 方法的基本假设是正确的。

（3）PDI 方法在不明显改变非静压模型计算精度的前提下，可显著提高非静压模型的计算效率。算例中当压力网格为速度网格 1/10 时，非静压模型求解泊松方程的时间减少了 84%。

（4）本章还对 PDI 方法在水平方向应用进行了探讨，模拟结果显示，水平方向动压值的精确模拟需要精细的网格，PDI 方法无法在大幅减少水平压力网格数的前提下，保证非静压模型的计算精度，因此 PDI 方法在水平方向的应用是不适宜的。

4 分层流通过沙脊地形后紊动拟序结构衍化分析

在河口海岸地区，径流与潮流的相互作用，易形成周期性的盐淡水分层现象。同时河口海岸区域地形复杂，受局部地形变化的影响，可在盐跃层形成内部水跃、内波等现象，这些现象的产生对于局部盐淡水混合会产生重要影响。本章通过模拟恒定分层流经过沙脊地形后内部水跃的生成及紊动拟序结构的衍化过程，分析了紊动拟序结构与自由表面散度的对应关系及局部地形变化对于盐淡水混合的影响。

利用非静压模型复演了 Lawrence（1993）所做的双层流经过沙脊地形的物理试验，Lawrence 通过变化上游流量和分层流高度模拟了次临界流、顶控制流、临近控制流和超临界流四种流态情况下水体经过沙脊地形后的水力特性，在流态 II 和 III 中，可以观察到明显的水跃现象发生，流态 IV 对应内波与边界层分离的产生。在水跃及边界层分离产生的区域垂向速度变化较大，存在明显的非静压效应，因此本章选择利用非静压模型模拟临近控制流和超临界流两种流态。

4.1 物理试验布置及非静压模型的建立

物理试验布置如图 4-1 所示，水槽宽度为 0.38m，长度为 12.8m，水槽中放置固定的沙脊地形，沙脊地形满足如下公式：

$$h(x) = h_m \cos^2(x/L) \tag{4-1}$$

其中，$h_m = 0.15$m，长度 $L = 4h_m$，x/L 的范围为 $-\pi/2 \sim \pi/2$。恒定双层流从水槽左侧入流，经过沙脊地形，水槽右侧为自由出流边界条件，试验中通过调节水深及入流流速模拟不同弗劳德数变化过程。

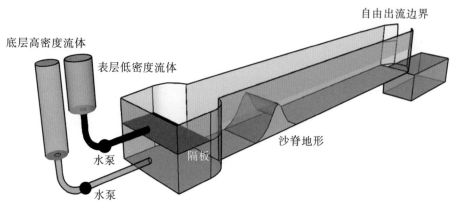

图 4-1 物理试验布置三维示意图

数值模型初始设置如图 4-2 所示，坐标系设置为沿水流方向为 x 坐标方向，水深方向为 z 方向，以竖直向上为正；与 $x-z$ 平面垂直方向为 y 方向。x 方向坐标原点取为沙脊地形最高点处，原点距左边界 3.25m，距右边界 16.75m。计算宽度与物理试验一致为 0.38m。水平方向分辨率为 $\Delta x = \Delta y = 2.5cm$，垂向网格设置采用 PDI 方法，为（40，20），紊流模型采用大涡模拟，底面粗糙高度为 0.001m，模型左边界为入流边界，右边界为无反射自由出流边界，模型计算总时间为 300s。

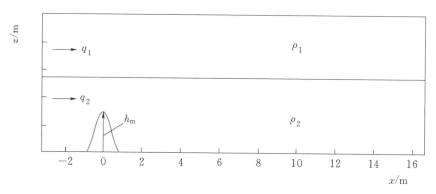

图 4-2 数学模型初始设置示意图

数学模型中初始密度分布为：

$$\rho = \rho_0 + \frac{\Delta\rho}{2}\left[1 + \tanh\left(\frac{z - h_1}{\Delta h}\right)\right] \tag{4-2}$$

式中：$\rho_0 = 1000kg/m^3$，为上层清水密度；$\Delta\rho$ 为两层流体的密度差；h_1 为上层流体深度；$\Delta h = 1cm$，为盐跃层厚度。

数学模型模拟 Lawrence（1993）物理试验中的试验 21 和试验 12。模型设置参数见表 4-1，两个算例分别属于流态Ⅲ、Ⅳ，q_1、q_2 分别表示上层与下层流体的入流流量，$g' = g\Delta\rho/\rho_1$ 为两种不同密度流体的相对重力加速度。

表 4-1　　　　　　　　模 型 计 算 参 数 表

算例	水深/cm	$q_1/(\mathrm{cm}^2/\mathrm{s})$	$q_2/(\mathrm{cm}^2/\mathrm{s})$	$g'/(\mathrm{cm}/\mathrm{s}^2)$	流态	试验编号
算例一	51.1	204	205	8.8	Ⅲ	21
算例二	25.7	100	200	17.9	Ⅳ	12

4.2　非静压模型计算结果与物理模型试验结果对比分析

4.2.1　算例一：临近控制流

图 4-3 为沿 x 方向盐跃层高度与水深的比值，实线为非静压模型计算值，输出时间为 $t=200\mathrm{s}$，输出值为 y 向平均值；虚线为静压模型计算值，输出时间与非静压模型相同；圆圈为物理试验测量值。图中可以看到，盐跃层经过沙脊地形后，存在一个先下降再升高的过程，这是内部水跃产生的重要标志，水流经过沙脊地形后，上层流体深度最大占总深度的 75%。对比非静压模型与静压模型的计算结果可以看出，x 在水流到达沙脊地形以前及发生水跃过程的下游，两种模型的模拟结果无明显差异，盐跃层高度与实测值吻合都较好，表明在这两个区域水流的非静压特性不明显。在 $x=0\sim2.3\mathrm{m}$ 附近，静压模型计算值与实测值误差较大，在沙脊地形顶点

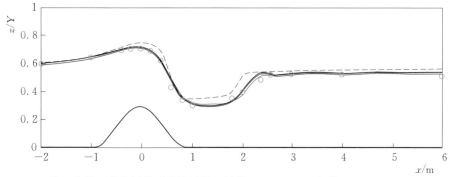

注：实线，非静压模型计算结果。黑线，（40，40）。红线，（40，20）。
蓝线，（40，10）。虚线，静压模型计算结果。圆圈，物理试验结果。

图 4-3　算例一盐跃层位置图

及 $x=1\mathrm{m}$ 处，静压模型高估了盐跃层高度。而非静压模型在此区域的计算值与实测值吻合较好，这是因为水跃是一个典型的非静压过程，水流经过沙脊地形后垂向速度变化较大，由于动压值的精确求解，非静压模型可以准确模拟这一过程，计算得到的盐跃层高度与实测值趋势是一致的，数值上也吻合较好。

复合弗劳德数（G）常用于描述分层流的水力特性，也是对分层流进行流态分区的主要依据，G 的表达式为：

$$G^2 = F_1^2 + F_2^2$$

$$F_i^2 = \frac{U_i}{g'h_i} \qquad\qquad (4-3)$$

式中：下标 $i=1$，2 分别为双层流的上层流体和下层流体；U_i 为各层流体的平均流速；h_i 为各层流体的深度；$g'=g(\rho_2-\rho_1)/\rho_1$，为两种不同密度流体的相对重力加速度；$\rho_1$、$\rho_2$ 为上下层流体密度；F_1、F_2 为上下两层流体弗劳德数。

图 4-4 为弗劳德数沿 x 方向的分布图，上图为静压模型计算结果，下图为非静压模型计算结果。复合弗劳德数在沙脊地形上游小于 1，水流为次临界流。当水流经过沙脊地形时复合弗劳德数开始大于 1，水流转化为超临界流，在沙脊地形顶点附近达到最大为 1.4。水流在经过沙脊地形顶点后，复合弗劳德数存在一个先减小后增大的区域，对比图 4-3，可以看出，弗劳德数的变化与盐跃层高度变化是对应的，当盐跃层高度为 0.5，即上下两层流体深度相同时，复合弗劳德数最小，且略小于 1。此后，下层流体弗劳德数继续增大，上层流体弗劳德数持续减小，在 $x=0.8\mathrm{m}$ 附近达到最大值，此时对应图 4-3 中盐跃层高度的最小值。伴随水跃的发生，下层流体的动能转换成势能，弗劳德数减小，盐跃层高度增加。在此过程中，存在 4 个弗劳德数等于 0 的点。一般将弗劳德数为 0 的点定义为内部水力控制点，前人研究认为在双层流中至多有 2 个内部水力控制点，这与非静压模型的模拟结果矛盾。Zhu、Lawrence（2000）曾经对此做过分析，他们认为内部水力控制点的定义是在静压假设下提出的，而水跃过程是典型的非静压问题，因为水跃产生的两个控制点并不符合内部水力控制点的定义，即本算例中只有第 1 和第 4 两个控制点符合内部水力控制点的定义。静压模型模拟结果，随着水流经过沙脊地形，非静压作用的增强，弗劳德数在量值上逐渐与非静压模型结果产生偏差，在沙脊后侧水跃发生区域，无法正确捕捉水跃发生位置及范围，这与上文所述盐跃层位置的计算结果是一致的。

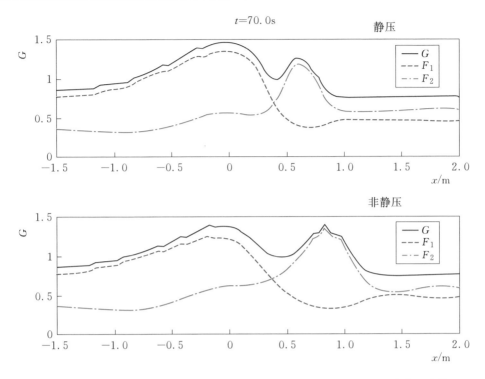

注：上图，静压模型计算结果。下图，非静压模型计算结果。实线，复合弗劳德数。

虚线，上层流体弗劳德数。点划线，下层流体弗劳德数。

图 4-4   复合弗劳德数沿程分布图

图 4-5 和图 4-6 对比了水平流速及密度的垂向分布，三个特征点分别取在 $x=-1\mathrm{m}$、$x=1\mathrm{m}$ 及 $x=5\mathrm{m}$ 处，模型计算结果取为 $t=200\mathrm{s}$ 时沿 y 方向的平均值，此时水体流态达到稳定。在沙脊上游，两种模型都能准确模拟流速与密度分布［图 4-5（a）、图 4-6（a）］，说明模型设置的初始条件及入流条件与物理模型试验是一致的，同时由于水深是恒定的，表面波动很小，垂向流速在这一区域量值很小，因此非静压作用不明显，非静压模型与静压模型计算结果是基本相同的。水流经过沙脊顶部后由于水跃的发生，水体的垂向流速增大，非静压作用明显，此时静压模型对于水体流速和密度分布的模拟都出现偏差［图 4-5（b）、图 4-6（b）］，而由于考虑非静压作用，非静压模型计算结果明显优于静压模型。图 4-5（c）、图 4-6（c）中特征点位于沙脊下游 5m 处，非静压作用已不明显，非静压模型结果与静压模型结果非常接近，两种模型都能准确模拟密度的垂向分布。因此，可以看出非静压模型与静压模型的结果差异主要体现在垂向流速变化较大、非静压作用明

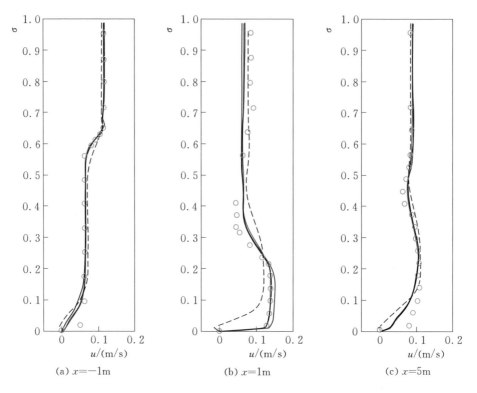

(a) $x=-1$m   (b) $x=1$m   (c) $x=5$m

注：实线，非静压模型计算结果。黑线，（40，40）。红线，（40，20）。
蓝线，（40，10）。虚线，静压模型计算结果。圆圈，物理试验结果。

图 4-5　水平流速（u）垂向分布图

显的区域。在沙脊地形附近，尤其是水跃发生区域，非静压模型结果相比静压模型有显著改善。静压模型由于垂向流速模拟的不准确，难以准确模拟盐跃层变化及密度分布。所以在非静压作用明显及水跃发生的区域，数值模拟需要应用非静压模型，非静压模型 NHWAVE 适用于沙脊地形引起的水动力变化过程的模拟。同时在图 4-5 和图 4-6 中采用（40，20）及（40，10）层网格计算结果与全网格模型计算结果差异很小，说明 PDI 方法在本算例中的应用是成功的。

4.2.2　算例二：超临界流

算例二入流为超临界流，模拟流态Ⅳ的水力特性，在物理试验中通过染色剂观察到明显的边界层分离现象，但由于物理模型中未对水流流速和盐度分布进行测量，只记录了沙脊下游染色剂的对流扩散过程，只能通过模型计

(a) $x=-1$m　(b) $x=1$m　(c) $x=5$m

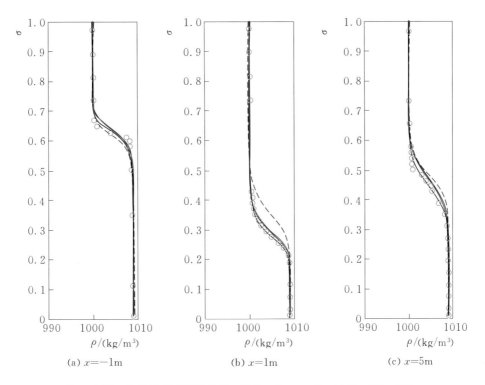

注：实线，非静压模型计算结果。黑线，(40，40)。红线，(40，20)。
蓝线，(40，10)。虚线，静压模型计算结果。圆圈，物理试验结果。

图 4-6　密度（ρ）垂向分布图

算得到的紊动动能（TKE）与物理试验染色剂图片进行对比，以此作为对非静压模型计算结果的验证。

紊动动能 TKE 计算公式如下所示：

$$
\begin{aligned}
u_i' &= u_i - \langle u_i \rangle_y \\
TKE &= \frac{1}{2} \langle u_i' u_i' \rangle_y
\end{aligned}
\tag{4-4}
$$

其中，$i=1$，2，3，分别对应 x，y，z 三个方向；u_i 为紊动流速；$\langle\rangle_y$ 为在 y 向取平均。

图 4-7 为物理试验与数值模拟紊动动能的对比图。图 4-7（a）所取时间为 $t=158$s，图 4-7（b）、（c）依次延后 10s。图中可以看出，模型可以模拟出边界层分离的主要特征，紊动强度在边界层分离产生处达到最大，随着水流向下游移动，紊动在水平向和垂向上扩展，并达到盐跃层以上，引起上

下两层不同密度流体的混合，这与物理试验结果是一致的。图 4-7 中模型计算的 TKE 扩展范围与物理试验染色剂扩展范围基本相同，说明模型能够模拟边界层分离引起的紊动衍化过程。

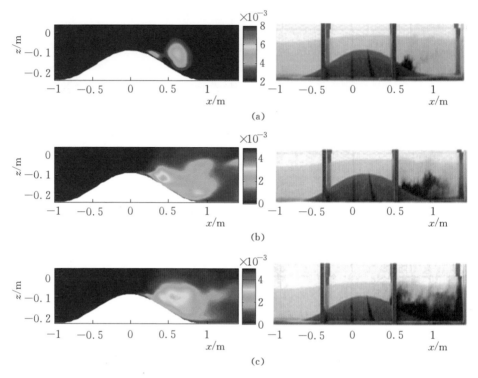

图 4-7　物理试验与数值模拟紊动动能对比图

4.2.3　PDI 方法对算例计算效率及计算精度的影响

从图 4-3、图 4-5、图 4-6 可以看出，应用 PDI 方法减少垂向计算网格对于非静压模型计算精度的影响并不显著，这与第 3 章的结论是一致的。同时统计了算例一不同计算网格的计算泊松方程的时间，采用 PDI 方法分别减少计算泊松方程网格至 20 层和 10 层，计算时间分别减少 56% 和 80%，说明 PDI 方法在本算例中的应用是成功的，PDI 方法对于计算精度的影响很小，且能够大幅提高非静压模型的计算效率。

对于算例一和算例二的模拟说明非静压模型能够准确模拟分层流受地形影响下的内部水跃和边界层分离问题，接下来将运用非静压模型模拟分层流内部水跃和边界层分离引起的紊动的衍化过程。

4.3　超临界分层流通过沙脊地形后水力特性的三维非静压模拟

为研究水流经过沙脊后紊动拟序结构的衍化过程，对上述两个算例进行重新计算，计算条件相同，但是将水槽宽度调整为 3.2m，y 方向采用周期性边界条件。算例一的模拟中没有观测到明显的 y 向流动产生，产生的水跃基本是恒定二维的，而算例二由于边界层分离及内波的产生，沙脊后的紊动呈现明显的三维特征。因此，本节仅对算例二进行分析。

4.3.1　紊流模型有效性分析

模型计算中紊流模型采用大涡模拟，为验证紊流模型的计算准确度，计算了 x 方向平均紊动动能的波谱曲线，计算公式如下：

$$E(k) = W(k)^2$$

$$W(k) = \sum_{i=1}^{N_s} w(n) e^{-i2\pi k \frac{\pi}{N_s}} \qquad (4-5)$$

$$S(k) = << \mathrm{Re}\,[W(k)]^2 + \mathrm{Im}\,[W(k)]^2 >_y >_t$$

式中 $\mathrm{Re}(W(k))$，$\mathrm{Im}(W(k))$ 分别表示傅里叶变换的实数部分与虚数部分。图 4-8 中曲线为 x 方向 TKE 平均值频谱曲线，另一条斜率为 $-5/3$ 的直线为对比曲线。通过快速傅里叶变换（FFT）可以将 TKE 能谱变换到波

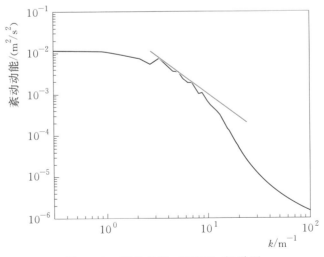

图 4-8　紊动动能（TKE）频谱图

数空间，其中最小波数为 $k_{\min}=2\pi/L=0.314\mathrm{m}^{-1}$，最大波数（截断波数）为 $k_{\max}=\pi/\Delta x=125.6\mathrm{m}^{-1}$。图 4-8 中 TKE 的取值是沿 y 方向在 150s 至 200s 的平均值。

从图 4-8 中可以看出，在波数 k 在 $3\sim 10\mathrm{m}^{-1}u$ 间变化时，TKE 波谱与斜率为 $-5/3$ 的直线平行，说明波谱满足 Kolmogorov 的 $-5/3$ 次方定律，这一范围称为惯性子区。在高雷诺数紊流中，如果认为紊动能谱和耗散谱可以分离，可以把各种波数的紊动成分看作不同尺度的涡旋，因此能量是从大尺度涡向小尺度涡传输的。能谱最大值对应的波数为含能波数，波数的倒数为含能尺度，在含能尺度范围内，TKE 通过惯性传输能量，而动能耗散几乎为零，此范围称为惯性区（$k<3$）。与惯性区对应，只有紊动动能耗散，而能量传输率几乎为零的区域为耗散区（$k>10$）。在惯性区与耗散区之间，紊动动能从大尺度涡向小尺度涡传输，在这一区间称为惯性子区。Kolmogorov（1942）认为高雷诺数紊流中存在局部平衡的各向同性紊动，且在惯性子区满足 $-5/3$ 次方定律，是否存在惯性子区已成为衡量大涡紊流模型模拟成功与否的关键指标，此外惯性子区存在也是三维紊动存在的主要特征。因此，图 4-8 说明算例二中大涡模拟紊流模型是有效的，能够准确模拟算例二中涡的衍化过程，同时也说明在 $t=150\sim 200\mathrm{s}$，沙脊后水体已达到完全三维紊动状态，这是下文分析紊动拟序结构衍化的基础。

紊动动能耗散率（ε）计算公式如下：

$$\varepsilon=\varepsilon_r+\varepsilon_{SGS}$$
$$\sigma_{SGS}=2\nu_t\mid S\mid^2 \qquad (4-6)$$

式中：ε_r 和 ε_{SGS} 分别为模型可解的紊动动能耗散率和亚格子紊流模型引起的紊动动能耗散率。算例中采用大涡模拟中 Smagorinsky 紊流模型，涡黏系数 $\nu_t=(C_s\delta)^2\sqrt{2S_{ij}S_{ij}}$，$\mid S\mid=\sqrt{2S_{ij}S_{ij}}$ 在 $150\sim 200\mathrm{s}$ 范围内，计算得到的平均紊动动能耗散率为 $\varepsilon=1.7\times 10^{-4}\mathrm{m}^2/\mathrm{s}^3$。根据 Kolmogorov 的理论，惯性子区的紊动能量谱遵循 $-5/3$ 次方定能谱公式满足以下关系：

$$E(k)=\alpha\sigma_r^{2/3}k^{-5/3} \qquad (4-7)$$

式中：$E(k)$ 为紊动能谱；k 为波数；ε_r 为紊动耗散系数；α 为常数，一般取为 1.52。基于以上公式，可以得到算例中动能耗散系数约为 $\varepsilon_r=7.0^{-3}\mathrm{m}^2/\mathrm{s}^3$，由模型可解的紊动动能耗散率比紊流模型引起的动能耗散率约高一个数量级，说明主要的动能耗散都能由模型捕捉到，模型计算网格可以很好地模拟紊动动能的串级过程。

4.3.2　水体经过沙脊地形后流态的变化

为分析本算例流态变化，首先根据式（4-9）计算了沿程平均的弗劳德数，图4-9为 $t=20$s 时弗劳德数的沿程分布图，可以看到在整个计算区域，复合弗劳德数都是大于1的，即流体处于流态 V，为超临界流。在水流通过沙脊地形以前，底层流体弗劳德数略小于表层，这是由于底摩阻的影响，使底层流体平均速度小于表层。受沙脊地形影响，水流经过沙脊地形时，由于水深减小，流速变大，从而引起弗劳德数的显著增大。水体经过沙脊最高点后，流速减小，弗劳德数开始下降，但在 $x=0.2$m 处复合弗劳德数出现最大值4.96，原因是水体在此处发生边界层分离，形成了展向涡，并引起了盐跃层的上升，从而造成顶部弗劳德数上升。在 $x=1$m 附近，出现了一个长度约 0.4m 底部弗劳德数大于顶部的区域，这一区域伴随内部水跃的发生，底部流体厚度先减小后增大，从而引起底部弗劳德数先增大后减小。

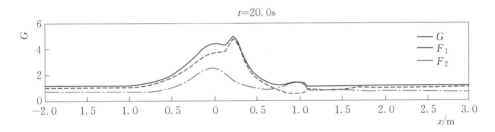

注：实线，复合弗劳德数。虚线，上层流体弗劳德数。点划线，底层流体弗劳德数。

图 4-9　$t=20$s 时弗劳德数分布图

边界层分离现象又称为流动分离现象，是指原来紧贴壁面的流动脱离壁面的现象。边界层分离一般发生在雷诺数较大的流动中，根据雷诺数计算公式 $Re=q/\nu$，本算例的雷诺数为40900，在物理试验中属于雷诺数较大的情况。图4-10描述了 $t=20\sim26$s 水平流速分布及流线图，可以看出水体在经过沙脊地形后出现了边界层分离，并形成了沿 y 方向的展向涡。边界层分离是在流速较大水体绕过物体时比较常见的现象，边界层分离的产生与压力变化密切相关。本算例中，在水体到达沙脊地形最高点以前，由于水深变浅，流速增大，根据伯努利方程可知，压强变小，因此在 $x=-1\sim0$m 形成顺流向的压力梯度区，此时不会发生边界层分离。而当水体绕过沙脊最高点，由于水深的增加，流体速度降低，从而引起压强升高，从而形成逆流向的压力梯度区，底部流速同时受到底摩阻和压力梯度的作用而迅速减小，在 $x=0.25$m

附近形成逆流区，此时边界层分离已经产生，主流与物体表面分离，并在 $x=0.45$m 处重新回到物体表面图 4-10（a），图中可以看出，逆流区位置并

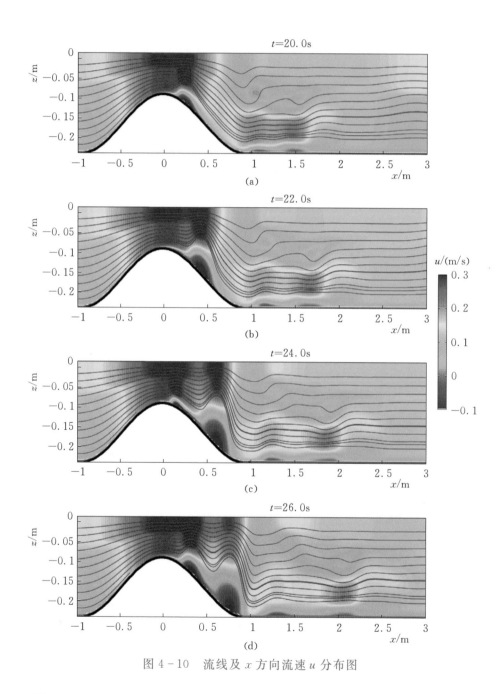

图 4-10　流线及 x 方向流速 u 分布图

不是固定的，会随着主流向下游移动，但当逆流区移动到 $x=0.6\mathrm{m}$，在 $x=$ $0.1\sim0.3\mathrm{m}$ 会形成新的负压区图4-10（c）、（d）。Lawrence 在试验中也观测到了明显的边界层分离现象，这与本算例的模拟是一致的，同时 Lawrence 认为是边界层分离引起的紊动促进了底层和表层流体的混合，相关内容会在接下来的一节中详细分析。

总之，非静压模型对于超临界分层流的模拟，反映了水体经过沙脊地形时的流态变化，捕捉到了流体经过沙脊地形后的边界层分离现象，边界层分离的条件是存在逆压梯度，且水流经过沙脊地形时流速变化剧烈，因此动压在本算例的作用会比较明显，下文也将对非静压模型计算结果和静压模型计算结果进行对比，分析在边界层分离及分层流混合过程中动压的作用。

4.3.3 紊流拟序结构衍化过程分析

紊流拟序结构又称紊流相干结构，是指空间的一种联结状态，在此空间范围内，存在着相关联的、有组织的运动。具体是指流场中出现的流速条带结构和各种涡旋等。边界层的分离也伴随尾涡（尾流）的产生，为准确反映尾涡的形态，选用参数 λ_{ci}^2 对尾涡的形状进行表征。λ_{ci} 是由 Zhou et al. (2015) 首先用于表征涡的形态，λ_{ci} 表示速度梯度场的特征值的虚数部分，可以代表当地涡旋强度。在笛卡尔坐标系下，速度梯度张量 D 可以写成

$$D=\begin{bmatrix} v_r & v_{cr} & v_{ci} \end{bmatrix}\begin{bmatrix} \lambda_r & & \\ & \lambda_{cr} & \lambda_{ci} \\ & -\lambda_{cr} & \lambda_{ci} \end{bmatrix}\begin{bmatrix} v_r & v_{cr} & v_{ci} \end{bmatrix}^{-1} \tag{4-8}$$

式中：λ_r 为实数特征值，对应的特征向量为 v_r；$\lambda_{cr}\pm\lambda_{ci}i$ 为两个共轭特征值，对应的特征向量为 $v_{cr}\pm v_{ci}i$。

采用 λ_{ci}^2 表征涡的形态有以下三个优势：首先涡的形态不会因为 λ_{ci}^2 取值的变化而改变，所以等值线的取值选择就比较简单；其次是 λ_{ci} 表征的是当地涡旋强度，可以避免在剪切流区域，因速度梯度较大，涡度较大，而错误表征为涡旋存在区域。最后是 λ_{ci}^2 的等值面一般比较光滑，易于观察和分析涡的形态变化。

图4-11～图4-13为不同时刻 λ_{ci}^2 表征的尾涡形状。从图4-12可以看出，边界层的分离伴随 y 向展向涡的形成，此时涡的形态沿 y 方向是一致的，即尾涡具有二维特性。在边界层分离区域，水流变化剧烈，紊动也较强，由于紊动具有三维特性，二维尾涡在 y 方向逐渐呈现波浪状，波数约为 $10\mathrm{m}^{-1}$，这与图4-8中惯性子区的上限波数相同，也说明波浪状尾涡的形成

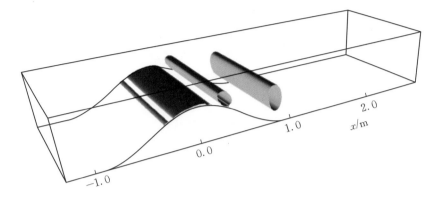

图 4-11　$t=50\mathrm{s}$ 尾涡形状（λ_{ci}^2 取值为最大值的 10%）

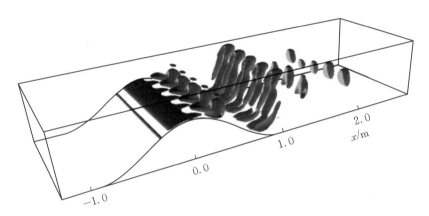

图 4-12　$t=130\mathrm{s}$ 尾涡形状（λ_{ci}^2 取值为最大值的 10%）

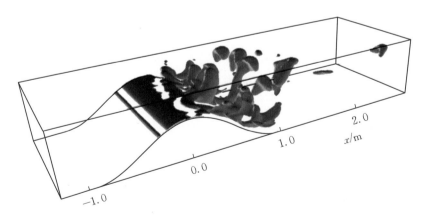

图 4-13　$t=160\mathrm{s}$ 尾涡形状（λ_{ci}^2 取值为最大值的 10%）

与紊动耗散有关。随着尾涡波浪形的加剧，流向的涡量逐渐变大，并逐渐形成流向涡，且流向涡都是成对反转出现的。在140s附近，流动达到完全的紊流状态，流场的三维性增强，尾涡的形态不再规则出现图4-13。

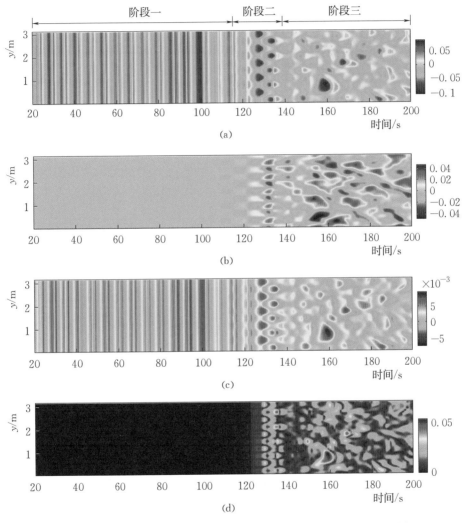

图4-14　$x=0.2$m处靠近水体底部网格 u (a)、v (b)、w (c)、
紊动强度 TKE (d) 时间序列图

为分析底部紊动对于尾涡形状的影响，通过紊动动能的 $\frac{1}{2}$ 次方

（$\sqrt{2TKE}$）表示紊动强度，将 $x=0.2$m处 yz 平面底部的 u、v、w、$\sqrt{2TKE}$
时间序列图进行对比（图4-14）。可以看出，水体底部紊动发展经历了三个

阶段：阶段一为 $t=0\sim115\text{s}$，此时流速 u、w 沿 y 方向恒定，v 值为零，紊动强度也很弱，此时尾涡为沿 y 向恒定的展向涡（图 4-11）；阶段二为 $t=115\sim140\text{s}$，对应图 4-12 展向涡沿 y 向呈现波浪状，这一阶段流速 u、w 沿 y 方向出现规则的集中区，即伴随波浪状展向涡的出现 u、w 也呈现波浪状变化，两者波数相同，流速 v 开始出现，并持续增大，在 $t=135\text{s}$ 时在 y 方向出现明显的正负交替分布，这与流向涡的成对反转出现有关，同时底部紊流强度也进一步增强。在阶段三（$t>140\text{s}$），随着紊流强度的进一步增强，流体进入完全三维紊动状态，三个方向流速的紊动平均值随时间基本趋于恒定（图 4-15），随着展向涡流向涡个数的增多（图 4-13），在此状态三个方向流速值在 y 方向的分布的三维特征明显。

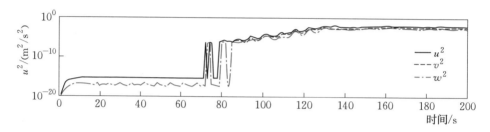

图 4-15　速度紊动值平方在三个方向的分量时间序列图

涡度是速度场的旋度，可以用来描述流体的旋转情况，x 方向涡度是流向涡产生的原因和重要标志，图 4-16 中可以看出流向涡度首先从水体底部产生，且沿 y 方向正负交替分布，在阶段二流向涡强度比较弱，形状也比较规则；随着水体由阶段二向阶段三转化，流向涡强度增强，流向涡度数值也有所增大，且产生流向涡度的区域开始由水体底部向上扩展［图 4-16（b）］；在水体进入阶段三后，流向涡度的分布失去规律性，说明随着水体紊动三维性的增强，流向涡的形状变得不再规则。

4.3.4　紊流拟序结构、盐跃层与自由表面流速散度的响应关系

在海洋观测中，通过卫星或者雷达观测，可以较方便地观测到海面特性（Chickadel et al.，2011；Plant et al.，2009），但是大范围的水体内部的水流特性很难得到，因此若能在水体内部物理过程与水体表面特征之间建立相关关系，对于加深水体内部物理过程的认识至关重要。非静压模型能够准确捕捉自由表面波动，同时准确模拟水体内部物理过程，因此可用于研究水体内部物理过程和水体表面特征之间关系。在自由表面，通过流速散度表现自由表面特性，计算公式如下：

$$\text{div}U = \nabla_h \cdot U = \frac{\partial u}{\partial x} + \frac{\partial v}{\partial y} \tag{4-9}$$

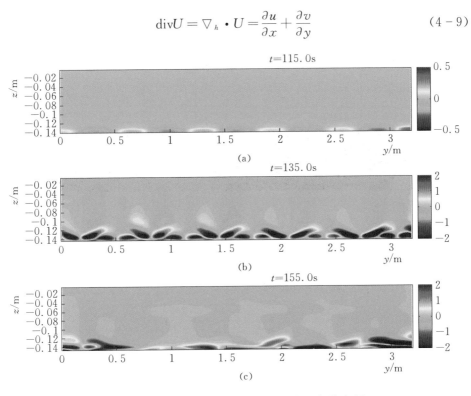

图 4-16　流向涡度在 $x=0.2\text{m}$ 的垂向分布图

　　根据连续性方程，自由表面流速散度等于垂向速度垂向梯度的相反数，非静压模型由于考虑动压的作用，相比静压模型，垂向速度的模拟更加准确，因此更加适合研究水体内部物理过程和水体表面特征之间关系。图 4-17 为 $t=130\text{s}$ 时顺流方向自由表面流速散度与盐度分布的对应关系，可以看出自由表面流速散度与盐跃层的位置变化存在明显的对应关系，每一个尾涡引起的盐跃层位置变化都对应自由表面流速散度大小的起伏（0~7m）。具体来看，每一个尾涡都对应自由表面流速散度正负变化的完整波长图 4-17，而且尾涡盐跃层的最高点对应散度波动的下跨零点。自由表面流速散度与水体内部尾涡的对应关系与水体内部垂向流速的变化息息相关，图 4-17（c）为同一时刻垂向流速梯度的分布图，可以看出自由表面流速散度的变化与盐跃层上部垂向流速梯度值负相关，自由表面流速散度与尾涡的对应关系本质上是由尾涡导致的垂向速度变化引起的。

　　为验证以上自由表面流速散度与尾涡的对应关系是否适应完全紊动状态，对比了 $t=200\text{s}$ 时自由表面流速散度与水体内部紊流拟序结构的位置，

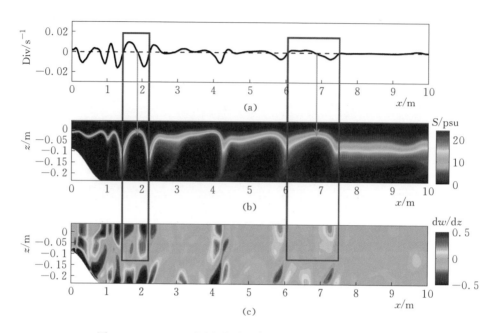

图 4.17 $t=130\text{s}$ 顺流方向（$y=1.6\text{m}$）自由表面散度
与盐度分布的对应关系图

图 4-18，$t=200\text{s}$ 时水体处于阶段三，处于完全紊动状态，自由表面流速散度和紊流拟序结构的分布都比较复杂。从图中红色虚线标注的区域可以看出，在 $x=1\text{m}$ 靠近下侧边界处存在一个不规则展向涡，对应自由表面流速散度同样存在正负交替分布的特性，且展向涡最高点对应的自由表面流速散度数值为零。图中蓝色虚线标注的流向涡同样与表层流速散度存在对应关系，在 y 方向自由表面流速散度存在正负交替，零点对应流向涡的顶点，这与展向涡与自由表面流速散度的对应关系一致。

总之，本节分析了阶段二和阶段三自由表面散度与水体内部紊动拟序结构的对应关系，分析发现流向涡和展向涡都与自由表面流速散度存在对应关系，且对应关系相同；水体内部涡旋对应自由表面流速散度的一个正负交替分布，涡的尺度与散度波动波长相同，涡旋范围内盐跃层最高点对应散度波动的下跨零点。

根据连续性方程，自由表面流速散度等于垂向速度垂向梯度的相反数，所以自由表面流速散度的变化与盐跃层上部垂向流速梯度值负相关，自由表面流速散度与水体内部涡旋的对应关系是由涡旋导致的垂向速度变化引起的。

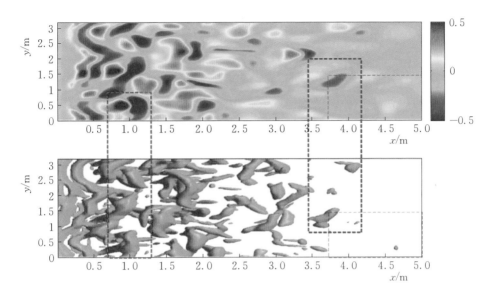

图 4 - 18　t＝200s 水体表面散度与紊流拟序结构对应关系图

4.3.5　紊动发展不同阶段盐淡水混合分析

水流经过沙脊地形后形成的边界层分离和紊动变化影响分层流的能量耗散和混合过程。盐淡水混合过程可以通过紊动剪切（Shear Production）和浮力通量（Buoyancy Flux）来量度，因此分别计算了紊流发展三个阶段的紊动剪切和浮力通量，公式如下：

$$\text{Shear Production} = \int_0^x \int_0^y \int_0^D \overline{-u_i'u_j'} \frac{\partial \overline{u_i}}{\partial x_j} \mathrm{d}x \mathrm{d}y \mathrm{d}z$$
$$\text{Buoyancy Flux} = \int_0^x \int_0^y \int_0^D \overline{w'b'} \mathrm{d}x \mathrm{d}y \mathrm{d}z \tag{4-10}$$

式中：$b=(\rho-\rho_1)/(\rho_2-\rho_1)$；$u'$，$\omega'$，$b'$ 为紊动值。

图 4 - 19 为紊动发展三个阶段平均累积紊流剪切沿 x 方向的分布图，可以看出阶段二和阶段三累积紊流剪切数值在沙脊地形最高点（x＝0m）后开始增大，在 x＝1m 处达到最大值，此后保持为常数，说明在 x＝0～1m 范围内，盐淡水混合速率最强，阶段二和阶段三累积紊流剪切数值基本相同，说明这两个状态中速度紊动引起的盐淡水混合变化不大，而阶段一由于水流紊动较小，紊流剪切数值趋于零。

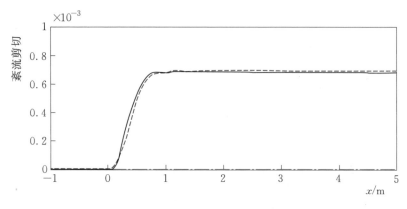

图 4 - 19 阶段一（点划线）、阶段二（虚线）及
阶段三（实线）平均累积紊流

图 4 - 20 中可以看出累积浮力通量的数值较小，比紊动剪切值小两个数量级左右，说明在本算例盐淡水混合过程中紊动剪切占主导。累积浮力通量在 $x=0.2\text{m}$ 处开始增大，这与边界层分离发生位置相对应，说明浮力通量与边界层分离引起的尾涡有关。阶段二和阶段三累积浮力通量在 $x=0.2\sim1\text{m}$ 范围内增长速率最快，此后继续增加，但增加的幅度较小。同样的，由于紊动较小，阶段一的浮力频率值也趋于零。

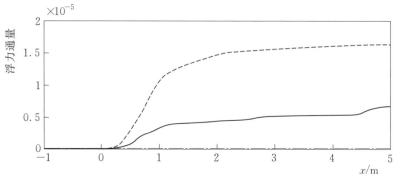

图 4 - 20 阶段一（点划线）、阶段二（虚线）及
阶段三（实线）平均累积浮力通量

4.3.6 非静压模型与静压模型结果差异分析

非静压模型相比静压模型，更能适应模拟地形突变引起的水流变化以及强分层流的模拟。本算例水流经过沙脊地形后，流速变化迅速，垂向流速存在较大垂向梯度，非静压效应明显。本节通过对比非静压模型与静压模型计

算结果，说明非静压效应对于模型计算结果的影响。

为定量分析两种模型的计算结果差异，定义两种模型计算差值与非静压模型计算结果的比值 r，其定义如下：

$$r = \frac{<<<<|x_{nh} - x_h|>_x>_y>_z>_t}{<<<<x_{nh}>_x>_y>_z>_t} \times 100\% \qquad (4-11)$$

式中：x_{nh} 和 x_h 分别为非静压模型和静压模型计算变量。$<<<<>_x>_y>_z>_t$ 为变量关于 x、y、z、t 的平均值。

图 4-21 为 $t=90\text{s}$ 非静压模型与静压模型计算平均流 u (a)、v (b)、w (c)、S (d) 差值分布图。表 4-2 分别为四个变量 u、v、w、S 在阶段一的平均偏差表。可以看出，在 $t=90\text{s}$ 时（图 4-21），非静压模型与静压模型计算结果的主要差异出现在水体经过沙脊地形最高点之后，其中顺流方向流速 u 的最大值出现在水体表面和水体底部，水流经过沙脊地形最高点后两种模型的平均偏差比值由 6.5% 增加到近 30%，说明水流经过沙脊地形最高点后非静压效应增强，动压值的模拟结果也印证了这一点，动压值在 $0\sim5\text{m}$ 区域数值明显增大。阶段一的展向流速 v 数值较小，因此在模拟区域两种模型的计算结果差异并不明显。垂向流速 w 的差异同样主要分布在 $0\sim5\text{m}$ 区域，与顺流方向流速不同，垂向流速差值的极大值集中于水体中部，在水面和水底处两种模型计算结果的偏差较小，这是由于本算例底面采用不可入边界条件，底部垂向流速为零，而且自由表面的波动又很小，垂向流速较大的区域位于水体中部，这也说明在垂向流速越大的区域非静压效应越显著。表 4-2 中垂向流速平均值的偏差比值在 $0\sim5\text{m}$ 区域均大于 140%，约为同区域顺流流速偏差比值的 4.7 倍，说明非静压效应对于垂向流速的影响较大。从图 4-21 (d) 为盐度 S 的均值偏差，可以看出盐度差异较大的区域集中于盐跃层附近，在水流经过沙脊最高点之前，两种模型的计算结果类似，仅在盐跃层出现微小差别，均值偏差比值为 1.9%；水流经过沙脊最高点后，盐度偏差增大，差异依然主要集中于盐跃层附近，偏差比值从 $0\sim1\text{m}$ 到 $1\sim5\text{m}$ 区域略有上升，上升幅度为 5.5%。

表 4-2　非静压模型与静压模型计算结果平均偏差（阶段一）

参数	$-1\sim0\text{m}/\%$	$0\sim1\text{m}/\%$	$1\sim5\text{m}/\%$
u	6.5	28.9	29.5
v	—	—	—
w	8.8	143.6	140.1
S	1.9	12.4	17.9

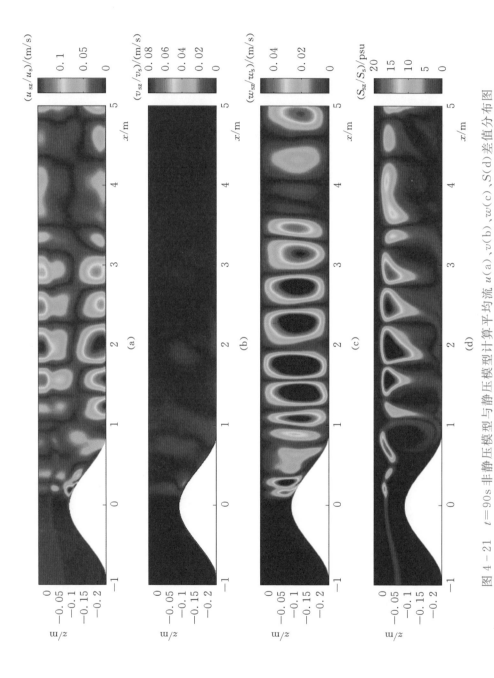

图 4 - 21 $t = 90\,\mathrm{s}$ 非静压模型与静压模型计算平均流 $u(\mathrm{a})$、$v(\mathrm{b})$、$w(\mathrm{c})$、$S(\mathrm{d})$ 差值分布图

阶段二的计算结果差异分布图见图 4-22，随着顺流涡的出现，紊流的三维性增强，流速分布不再是二维的，流速偏差的分布也不如阶段一规则。

顺流流速偏差极值仍然在水体表面和底部较大，但在水体中部的偏差也开始增大，偏差比值与阶段一基本保持一致（表 4-3）。随着展向流速数值的增大，两种模型计算偏差均值也相应增加，在 0～1m 区域偏差最大值集中在水体底部，在顺流方向偏差极大值主要分布在 0～2.5m 的区域，偏差比值较大，为 200% 以上，这首先是由于 v 数值较小，分母较小易产生较大的比值，其次也反映了两种模型在 v 的模拟上差异较大。垂向流速 w 的偏差值依然在水体中部最大，但最大值沿顺流方向的分布范围相比阶段一明显减小，这与动压均值的分布是对应的图 5-25（b），在 $t=120s$ 动压值较大的区域主要集中在 0～2.0m 和 $x=3.5m$ 附近，这与紊流强度的增强、垂向混合强度增强有关，随着垂向混合强度的增强，在顺流方向达到完全混合的距离缩短，从而导致在 $x>2m$ 区域垂向流速数值的减小，垂向流速的偏差比值在 1～5m 也有所减小，在另外两个区域基本保持不变。盐度的偏差与阶段一规律类似，极大值仍然集中于盐跃层位置，偏差比值也与阶段一比较接近。

表 4-3　非静压模型与静压模型计算结果平均偏差表（阶段三）

参数	−1～0m/%	0～1m/%	1～5m/%
u	10.2	30.2	22.8
v	—	180.2	183.0
w	15.8	144.1	139.3
S	5.7	11.3	11.6

阶段三变量偏差分布见图 4-23，变量偏差比值见表 4-4。阶段三水体已达到完全三维紊流状态，紊流拟序结构分布比较复杂，顺流流速偏差主要分布于 0～1m 区域，垂向上分布比较均匀，且偏差的数值较阶段一和阶段二要小，但在 −1～0m 区域偏差有所增大（表 4-4），为 10.2%，0～1m 区域偏差比值与前两个阶段基本保持一致，而 1～5m 区域由于偏差值较小，偏差比值也相应地降低到 22.8%。展向流速的偏差与阶段二比较类似，偏差沿顺流方向有所扩展，但极大值还是集中于水体底部，偏差比值有所降低，但依然维持在 180% 以上。垂向流速 w 的偏差值有所减小，且较大值分布区域继续缩小至 0～1.5m 区域，偏差比值变化不大。盐度的偏差在 −1～0m 区域有所增大，但在 0～5m 区域无论是偏差最大值和偏差比值都有所减小。

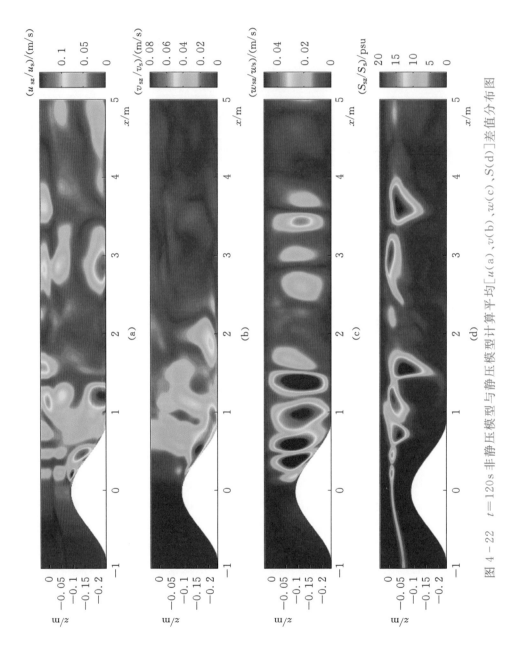

图 4 - 22　$t = 120\,\mathrm{s}$ 非静压模型与静压模型计算平均 $[u(\mathrm{a})、v(\mathrm{b})、w(\mathrm{c})、S(\mathrm{d})]$ 差值分布图

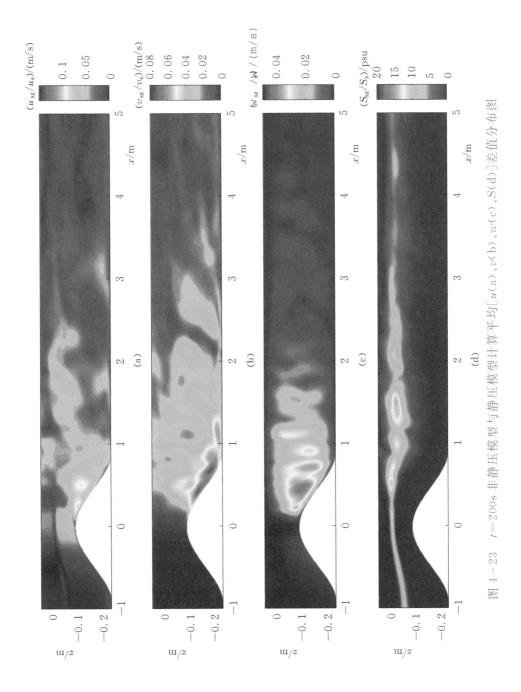

图 4 - 23　$t=200\text{s}$ 非静压模型与静压模型计算平均[u(a)、v(b)、w(c)、S(d)]差值分布图

本算例中在$-1\sim0\text{m}$区域垂向流速也较大，但从图$4-20\sim$图$4-23$可以看到，两种模型在此区域的计算结果基本相同，且动压值也较小，这说明动压效应并不是与垂向流速的大小直接相关。为此，计算了垂向流速的垂向梯度，分布见图$4-24$。图中可以看出非静压效应与垂向流速的垂向梯度有关，在水体经过沙脊最高点之前，虽然垂向流速较大，但是垂向流速梯度的数值很小，因此非静压效应并不显著。而水体经过沙脊最高点后，由于边界层分离及展向涡、顺流涡的产生，垂向流速梯度数值显著增加，使得动压值增加，非静压效应变得显著，两种模型的计算差异变大。

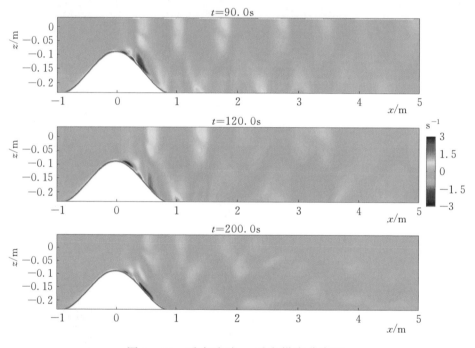

图$4-24$　垂向流速w垂向梯度分布图

为研究非静压模型与静压模型计算偏差随时间的变化规律，计算了u、v、w平均值随时间的变化（图$4-25$），均值顺流方向计算范围为$0\sim5\text{m}$，沿y、z方向做平均。图中可以看出，u、w的偏差都有一个先增大后减小的过程，两者的最大值出现时间都在80s附近，且在阶段三（$t>140\text{s}$）偏差值趋于恒定值；展向流速v偏差值开始增加的时间与u、w的偏差的最大值出现时间相对应，此后偏差值一直增加，这与上文的分析是一致的。

总之，非静压模型与静压模型计算结果的差异主要集中于非静压效应比较显著的区域，随着时间的变化，水体从阶段一到阶段三转变，水体紊流强

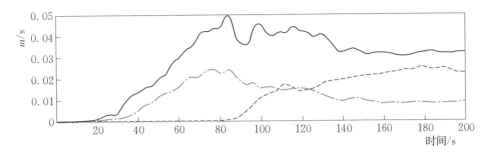

图 4-25　非静压模型与静压模型计算平均流速
[u（实线）、v（虚线）、w（点画线）]差值的时间序列图

度增加，流向流速和垂向流速偏差经历了先增大后减小的变化，而展向流速偏差产生于 u、w 的偏差的最大值出现时间，并随着时间的增加逐渐增大。盐度偏差主要集中于盐跃层附近，且偏差强度随着紊流强度的增加而减小。两种模型计算结果的差异大小与非静压效应的强弱息息相关，动压值较大的区域两种模型计算结果差异较大。

4.4　本章小结

本章基于 Lawrence（Ga，2006）所做的物理试验，研究了恒定超临界分层流经过沙脊地形后紊动拟序结构的衍化过程，对水体内部紊动拟序结构与自由表面散度的对应关系进行了分析，并研究了非静压模型与静压模型结果的主要差异。主要结论如下：

（1）超临界分层流受沙脊地形影响，紊动发展经历三个阶段，阶段一，伴随底部边界层分离产生了 y 向一致的展向涡，此时水体流速呈现二维特性，紊动较弱；阶段二，随着速度 v 的增大，展向涡呈现规则的波状变化，水体紊动持续增强；阶段三，水体进入完全三维紊动状态，紊动动能达到最大值，水体展向涡和流向涡并存，无规则形状。

（2）流向涡和展向涡与自由表面流速散度存在对应关系，水体内部涡旋对应自由表面流速散度的一个正负交替分布，涡的尺度与散度波动波长相同，涡旋范围内盐跃层最高点对应散度波动的下跨零点；根据连续性方程，自由表面流速散度等于垂向速度 z 向梯度的相反数，所以自由表面流速散度的变化与盐跃层上部垂向流速梯度值负相关，自由表面流速散度与水体内部涡旋的对应关系是由涡旋导致的垂向速度变化引起的。这一对应关系的确立，为利用雷达、航拍、卫星所得大范围水体表面观测资料分析水体内部水动力特性提供了借鉴。

（3）非静压模型与静压模型计算结果的差异主要集中于非静压效应比较显著的区域，随着水体从阶段一到阶段三转变，水体紊流强度增加，两种模型流向流速和垂向流速偏差经历了先增大后减小的变化，而展向流速偏差产生于 u、w 的偏差的最大值出现时间，并随着时间的增加逐渐增大；盐度偏差主要集中于盐跃层附近，且偏差强度随着紊流强度的增加而减小。两种模型计算结果的差异大小与非静压效应的强弱息息相关，动压值较大的区域两种模型计算结果差异较大。

5 长江口北槽盐淡水垂向
混合的非静压模拟

长江口北槽由于导堤建设，水流沿航道纵向速度大于横向流速，垂向二维特征明显，适合进行垂向二维模拟研究。本章利用非静压模型对北槽 2009 年 4 月一次潮汐过程进行模拟，模型能够较准确地模拟长江口北槽径流、潮流引起的盐淡水混合过程，涨潮期间在北槽下段捕捉到 K–H 涡的存在，分析了 K–H 涡的尺度，K–H 涡的出现明显加速了垂向盐淡水混合过程。

5.1 长江口概况

长江西起唐古拉山，东入东海，干流全长 6380km，为亚洲第一长河和世界第三长河。长江口作为长江入海的过渡地带，受到水陆两相水动力的共同影响，动力条件复杂。同时长江口地区人口密集、经济发达，水资源的合理利用关系社会民生。因此，对于长江口水动力环境的深入研究显得尤为重要。

河口一般分为三个区段：近口段、河口段和口外海滨段。根据长江口潮流界（江阴）和潮区界（大通）的位置，可以将长江大通至江阴段称为长江口的近口段，长约 440km；将江阴至河口拦门沙约 210km 的河段称为河口段；将口门至外海 30～50m 等深线位置称为口外海滨段。在近口段和口外海滨段，动力控制条件分别为径流和潮流，而在河口段，受到潮流、径流、波浪、泥沙、盐淡水混合的共同作用，水动力条件异常复杂，在科氏力和地形影响下，潮波在传播到河口段发生明显变形，涨落潮的不一致形成缓流区，促进泥沙的落淤成滩和河道的分汊，从而形成了长江口自徐六泾以下三级分汊四口入海的河势。

长江的径流量存在明显的洪枯季变化，以大通站为例，洪季（5月—10月）平均径流量为40000m³/s，而枯季（11月—次年4月）平均径流量只有18000m³/s。径流量在各分汊河道的分布也有明显差异，北支由于不断淤浅，分流量仅为总流量的2.2%左右；南支是长江口径流的主要下泄通道，南港北港、南槽北槽的分流比相对比较接近，北港分流量在36.6%～65.3%间变化，南港分流量在34.7%～67.6%间浮动变化。北槽的分流量在长江口深水航道整治前大于南槽，1999年北槽的实测分流比为61.4%，但在长江口深水航道整治工程实施后，由于北槽河槽变小，在2011年北槽分流比下降为40%（窦润青等，2014）。

长江口潮汐同时受东海前进潮波系统及黄海旋转潮波系统的作用，表现为前进波为主的混合潮波。长江口外为规则半日潮，口内为不规则半日潮，平均潮周期为12h25min。长江口为中等强度潮汐河口，口门附近多年实测资料分析得到平均潮差为2.66m，最大潮差为4.62m。

根据河口盐淡水的混合情况，可以将河口分为高度分层型、部分混合型和充分混合型三种。长江口北支由于径流量小，潮流作用占主导，属于强混合型，北支盐水上溯距离较大，甚至出现过盐水从北支倒灌到南支的情况；北港、南北槽由于径流和潮汐在不同时期相对强度的不同，不同时期呈现不同的混合类型，但基本以部分混合为主导，在枯季大潮期，盐淡水混合比较充分，属于充分混合型，在洪季小潮期，盐淡水混合较弱，会出现盐淡水高度分层的情况。

5.2　长江口北槽层化混合指标分析

本书实测资料选取长江口北槽2009年4月27日7时—2009年4月28日13时水文监测数据，包含每小时一次的水位、盐度、流速数据。选取长江口北槽上段（CS0、CS1）、中段（CSW）和下段（CS7、CS4）五个特征测站，通过对实测数据进行分析，计算实测时间内测站的整体理查德森数及梯度理查德森数，分析长江口北槽各分段在枯季大潮期盐淡水分层混合规律。

5.2.1　整体理查德森数（Ri_o）

整体理查德森数是由Bowden（Bowden，1981）提出的，公式如下：

$$Ri_o = \frac{\Delta \rho g h}{\rho_0 (\Delta u)^2} \qquad (5-1)$$

式中：g 为重力加速度；h 为水深；$\Delta\rho$ 为水底密度与水表面密度的差值；Δu 为水表面水平流速与底面水平流速的差值。

从 Ri_o 的表达式中可以看出，Ri_o 越大表示水体表层和底层的密度差越大，水体分层越明显，参考 Pu et al.（2015）的研究成果，将 $Ri_o=1$ 作为长江口北槽盐淡水分层和混合的临界值，$Ri_o>1$ 表示水体层化 $Ri_o<1$ 表示盐淡水混合。

图 5-1 为整体理查德森数的时间序列图，整体理查德森数由实测数据计算得到，实测数据为 CS0、CS1、CSW、CS7、CS4 五个测点在 2009 年 4 月 27 日 7 时—2009 年 4 月 28 日 13 时的流速、水位和盐度值。图中虚线表示断面平均流速，实线表示整体理查德森数。

从图 5-1 可以看出，在北槽上段 CS0 点和 CS1 点，整体理查德森数 Ri_o 在涨潮流转落潮流时，数值达到最大，说明此时水体的分层最为强烈 Ri_o 在涨急和落急时，数值都很小，说明水体混合最强。在北槽中段 CSW 测点，Ri_o 的变化趋势与北槽上段两个测点略有不同，主要区别为 $Ri_o>1$ 的时间增加了，在落潮流转涨潮流时 $Ri_o>1$，说明水体在落潮流转涨潮流和涨潮流转落潮流时刻都是分层的；Ri_o 在涨急和落急时刻，数值依然较小，水体混合比较剧烈。在北槽下段 CS7 点，水体分层时间进一步增加，在整个涨潮阶段水体基本处于分层状态，Ri_o 值在涨潮流转落潮流时最大；在北槽下段 CS4 点，水体层化时间相对 CS7 点减小，分层混合规律与 CSW 点类似，Ri_o 在落潮流转涨潮流和涨潮流转落潮流时刻大于 1，在涨急和落急时刻数值最小，混合最为完全，这可能是由于 CS4 点靠近导堤出口，外海潮动力作用较强，而径流作用较弱，不利于水体分层的形成。

总之，长江口北槽枯季大潮期间，盐淡水分层时间从上段到下段呈现逐渐增强的趋势，北槽上段盐淡水分层主要出现在涨憩时刻，北槽中段在涨憩和落憩时刻分层都比较明显，北槽下段水体分层时间继续增加，但在靠近导堤出口处由于潮动力的增强，水体分层主要出现在涨憩和落憩时刻，北槽各测点最大 Ri_o 值都出现在涨潮流转落潮流时刻，说明在涨憩时刻附近分层最为明显。

5.2.2　梯度理查德森数（Ri）

梯度理查德森数（Ri）表达式如式（3-7）所示。Ri 数可用来作为剪切不稳定性发生的判别条件，一般认为当 $Ri<0.25$，剪切不稳定性发生。为分析在长江口北槽盐淡水混合过程中是否存在剪切不稳定性，利用实测盐度和流速数据分别计算了 CS0、CS1、CSW、CS7 和 CS4 五个测点的浮力频率平方 N^2、流速梯度平方 S^2 和梯度理查德森数 Ri。

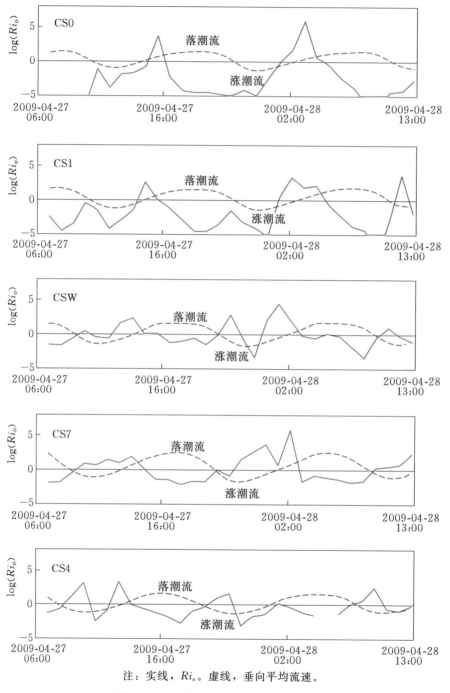

注：实线，Ri_o。虚线，垂向平均流速。

图 5-1 整体理查德森数时间序列图

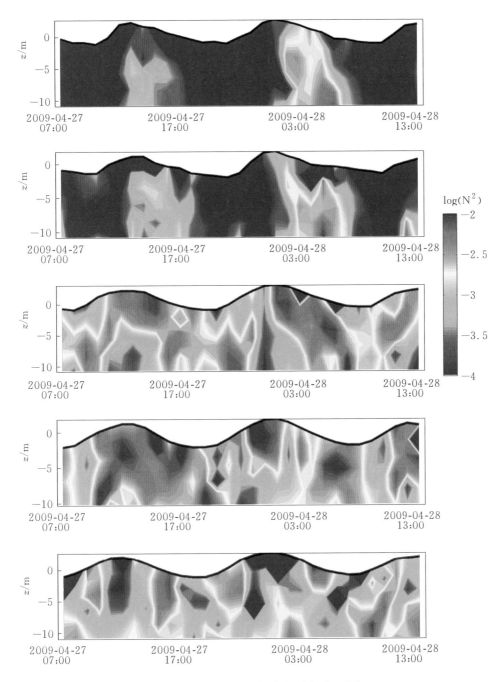

图 5-2 测站浮力频率的时间序列图

由浮力频率的平方的表达式 $N^2 = -(g/\rho)(\partial\rho/\partial z)$ 可知，浮力频率与密度的垂向梯度有关，可以反映水体垂向的分层混合状态。图 5-2 为 N^2 的时间序列图，可以看出，北槽三个分段测点的 N^2 值差异比较明显。北槽上段 CS0 和 CS1 测点 N^2 最大值出现在水体底部，高潮位过后，N^2 值在落潮段开始增大，且 N^2 值是从水体上部开始增大，底层盐水随落潮流下泄，盐跃层位置下降，因此 $N^2 > 10^{-2} s^{-2}$ 的范围逐渐下降，在低潮位出现之前 $N^2 > 10^{-2} s^{-2}$ 的范围消失，此时 CS0 和 CS1 点水体垂向混合均匀，密度梯度很小。北槽中段 CSW 点 $N^2 > 10^{-2} s^{-2}$ 的范围和持续时间明显要大于北槽上段，盐跃层区域 N^2 数值较大，涨潮阶段 $N^2 > 10^{-2} s^{-2}$ 的范围随盐水入侵从底部向表层抬升，落潮阶段则相反 $N^2 > 10^{-2} s^{-2}$ 的范围从表层逐渐下降。与整体理查德森数趋势相同，CSW 点垂向 N^2 值在涨急时刻较小，说明混合程度较高。北槽下段 CS7 点 N^2 值变化趋势与 CSW 点类似，但 N^2 数值要大于 CSW 点，说明 CS7 点分层程度强于 CSW 点；CS4 点 N^2 值较 CS7 点明显减小，且大值区域主要集中于水体表层，说明 CS4 点盐跃层位置较高，分层程度弱于 CS7 点。

五个测站水平速度垂向梯度的平方 S^2 如图 5-3 所示，受底摩阻的影响，五个测站 S^2 在水体底部都较大，约为 $10^{-2} s^{-2}$ 数值的变化趋势与 N^2 类似，从北槽上段到下段，S^2 先增大后减小，在 CS7 测站 S^2 值最大，最大值接近 $10^{-2} s^{-2}$。北槽上段 CS0 和 CS1 测站表层 S^2 值较小，小于 $10^{-2} s^{-2}$，北槽中段 CSW 点 S^2 值大于 $10^{-2} s^{-2}$ 的区域可以扩展到表层，北槽下段 CS7 点表层 S^2 值甚至在涨潮阶段达到 $10^{-3} s^{-2}$。K-H 不稳定性是由浮力和速度梯度剪切应力相互作用引起的，在速度垂向梯度较大的区域较易产生 K-H 不稳定性，所以在北槽中段和下段产生 K-H 的可能性较大，这与 Pu et al.（2015）的分析结果是一致的。

图 5-4 为五个测站梯度理查德森数的时间序列图，图中颜色表示 $\log(Ri*4)$，因为一般将 $Ri=0.25$ 作为 K-H 不稳定性产生的条件，图中小于 0 的数值表示 $Ri<0.25$。北槽上段 CS0 和 CS1 点 $Ri<0.25$ 的持续时间最长，对比图 5-2，可以看出，这是由于在北槽上段浮力频率数值较小，但上段水体基本完全混合，且流速梯度也很小，发生 K-H 不稳定性概率很低。北槽中段 CSW 点和下段 CS7 点，$Ri<0.25$ 主要出现在水体底部和涨潮阶段，尤其是在 CS7 点，Ri 数值在涨潮段在盐跃层附近存在明显小于 0.25 的区域，且此区域的速度梯度也较大，说明在 CS7 点涨潮阶段盐跃层发生 K-H 不稳定性的可能最大。北槽下段 CS4 点由于靠近导堤出口，潮动力较强，水体分层时间较短，流速梯度也小于 CS7 点，梯度理查德森数小于 0.25 的持续时间要短于 CS7 点，

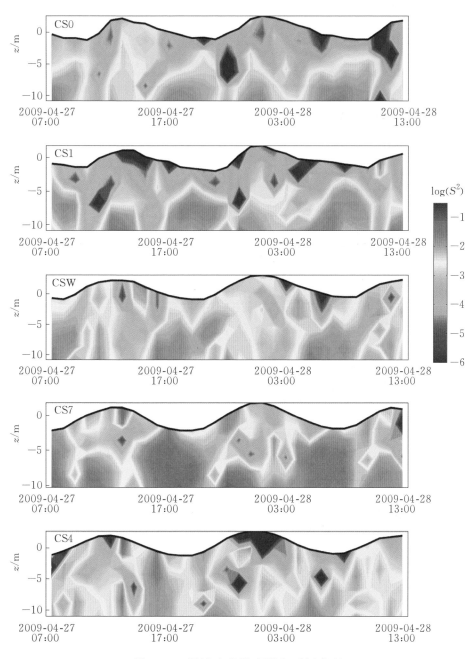

图 5 - 3 测站速度梯度平方时间序列

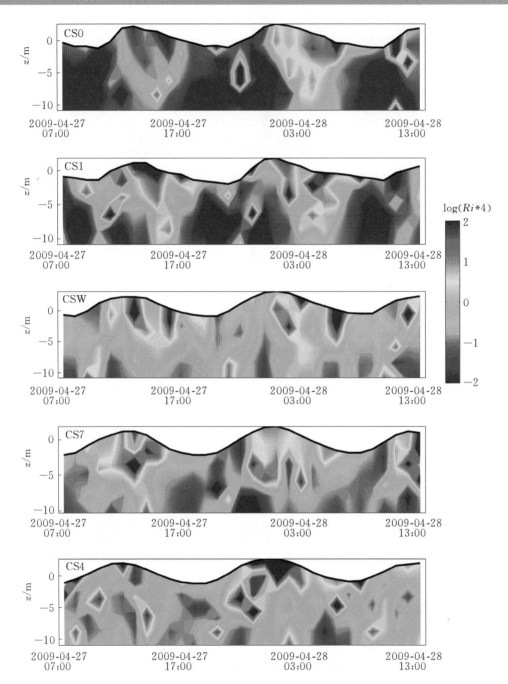

图 5-4 测站梯度理查德森数时间序列图，
图中颜色表示 $\log(Ri * 4)$

可能发生 K-H 不稳定性的时间集中于涨憩和落憩时刻附近。

综上所述，本节利用实测资料计算了北槽上段、中段和下段五个测点的浮力频率、速度梯度理查德森数，分析了长江口北槽分层混合规律，但可以看出分析结果与整体理查德森数结果并不完全一致，主要原因是整体理查德森数只考虑表层跟底层密度差，计算过于粗糙，不能反映水体内部分层情况。但是，两种理查德森数反映的长江口北槽从上段到下段的空间分层变化规律是一致的，即北槽分层程度和持续时间从上段到下段逐渐增强，但在靠近导堤外海出口附近受潮流影响，分层程度有所减弱；同时分析了北槽各段 K-H 不稳定性发生的可能性，北槽上段浮力频率和速度梯度都较低，不存在 K-H 产生的条件；北槽中段和下段，随着分层程度的增强，盐跃层速度梯度也有所增加，存在 $Ri < 0.25$ 的区域，存在 K-H 产生的可能，尤其是在 CS7 点附近，K-H 不稳定性产生的可能性最大。

5.3 长江口北槽二维非静压模型的建立

长江口北槽观测资料流速测量采用六点法，测点水深约为 10m，相邻两个流速测点的垂向距离约为 2m，这一尺度与观测到的河口剪切不稳定性引起的 K-H 涡的垂向尺度相当，因此利用观测资料难以描述 K-H 涡的细部结构及引起的流速变化，研究 K-H 涡对河口层化混合的影响需要借助数学模型的精细模拟。受制于目前的观测手段，还没有长江口北槽剪切不稳定性发生的直接观测资料，但是从长江口北槽现有观测资料分析，存在剪切不稳定性产生的条件（Pu et al.，2015），因此本章利用非静压模型研究长江口北槽剪切不稳定性的存在性及对于盐淡水垂向混合的影响。

由于 K-H 涡的水平尺度在 10~150m 之间，模拟河口 K-H 涡的细部结构，需要精细的水平网格，同时垂向也需要较多的层数，在现有的计算条件下难以对北槽进行三维非静压模拟。长江口北槽在深水航道整治工程实施后，由于导堤、丁坝的存在，北槽沿航道纵向流速远大于横向流速，垂向二维特征明显。因此，参考 Özgökmen et al.（2002）的计算方法，对长江口北槽的水动力过程进行垂向二维模拟，由于计算范围较小，计算过程忽略科氏力。北槽转弯段曲率半径较大，水体流向变化较为平缓，忽略横向环流的影响。Lesieur（1987）认为在忽略科氏力的情况下，K-H 不稳定性引起的盐淡水混合特性具有明显的垂向二维特性，因此可以对河口盐淡水混合过程中 K-H 不稳定性进行垂向二维模拟。

　　基于非静压模型 NHWAVE 对长江口北槽枯季的盐淡水混合过程进行垂向二维模拟，模型计算地形根据长江口北槽 2009 年 2 月实测地形数据，取理论基准面下＞5m 水深点水深平均得到。模型计算区域为 CS0 点至 CS4 点（图 5-1），水平长度为 52km。模型计算采用三重网格计算（图 5-6），水平方向为矩形网格，初次计算水平网格长度为 50m，在 CS0 测点以上设置长度为 308km 的斜坡段，斜率为 3.76×10^{-5}，上游水深为 0.5m。从而消除潮波反射对计算区域的影响，并通过 CS0 点流速校正，确定上游单宽流量为 $2 \mathrm{m}^3/\mathrm{s}$，下游边界水位、盐度通过 CS4 测点实测水位、盐度给定。模型初始条件采用冷启动的方式，与实测对应的模拟时间为 2009 年 4 月 27 日 15 时—2009 年 4 月 28 日 3 时，循环计算至盐度基本达到稳定。第二重网格水平网格长度为 10m，计算区域为图 5-5 点 c～点 d 之间，全长 52.32km，水平方向分为 5232 个网格，边界流速、盐度时间序列由第一重粗网格计算得到。第三重网格水平网格长度为 2.5m，计算区域长度为 52.08km，为图 5-5 中点 d～点 b 之间，水平方向计算网格为 20832 个，边界流速、盐度时间序列值由第二重网格计算得到。

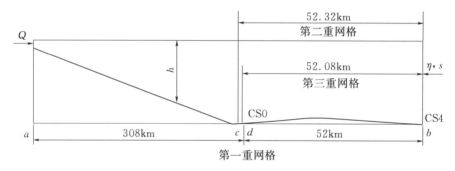

图 5-5　模型计算区域示意图

　　模型时间步长由式（2-36）计算得到，垂向采用 σ 坐标，由于第三重网格计算量较大，总网格数达到 83.3 万个，计算时应用 PDI 方法，所有计算垂向网格数取为恒定值（40，20），底面粗糙高度取为 0.0015m。垂向混合项采用理查德森数的函数，垂向紊动涡黏系数公式如下：

$$v_t = \frac{v_1}{(1+5Ri)^2} + v_0 \qquad (5-2)$$

其中，$v_1 = 0.005 \mathrm{m}^2/\mathrm{s}$，$v_0 = 0.005 \mathrm{m}^2/\mathrm{s}$。模型计算在河海大学港口海岸与近海工程学院计算机集群进行，集群采用 IBM Bladecenter H 刀片中心和 HS22 作为计算节点，共有 37 个节点。并行计算时应用计算机核数为 48 个，第三重网格计算至盐度稳定耗时约为 7 天。

5.4 模型计算结果与实测对比

粗网格主要是为细网格提供边界条件，所以仅对第三重细网格计算结果进行分析，将计算结果与 CS1、CSW 和 CS7 测点的实测水位、流速、盐度值进行对比。通过模型计算结果和现场实测值的对比，可以判断经过垂向二维简化后，模型对于长江口北槽潮流、径流和盐淡水混合动力过程的模拟效果。

5.4.1 水位结果对比

图 5-6 为三个测点水位对比图，图中时间 0h 表示模型开始计算时间，为 2009 年 4 月 27 日 15 时，图中可以看出非静压模型能够较好地模拟长江口北槽三个测点的水位变化，计算值与实测值趋势一致。北槽下段 CS7 测点计算结果与实测最为接近，这是由于潮波在传播到 CS7 点时变形较小，地形及导堤对潮波的影响还不明显。随着潮波向上游传播，潮波的不对称性增强，在北槽中段 CSW 模型对于涨潮段的模拟较为准确，但对于落潮潮位的模拟出现略微偏小的情况（2～5.5h）。在北槽上段 CS1 测点，计算值与实测值趋

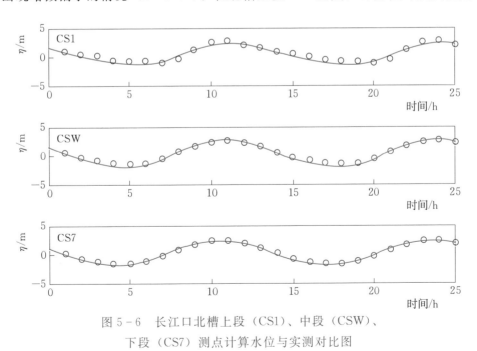

图 5-6　长江口北槽上段（CS1）、中段（CSW）、
下段（CS7）测点计算水位与实测对比图

势一致，对于低潮水位和高潮水位均出现偏小的情况。

5.4.2 流速结果对比

图 5-7～图 5-9 分别为 CS1、CSW 和 CS7 测点计算值与实测流速垂向分布对比图。实测数据为 2009 年 4 月 27 日 16 时—2009 年 4 月 28 日 3 时连续 12h 流速实测值，实测流速位置为（0h、0.2h、0.4h、0.6h、0.8h、1.0h），图中 $t=1h$ 对应 2009 年 4 月 27 日 16 时，时间依次累加。

与水位对比结果类似，计算流速值与实测流速值在三个测点趋势一致，量值也相差不大，非静压模型可以反映长江口北槽一个潮周期内垂向流速的变化。在三个测点中，北槽下段的 CS7 测点计算值与实测值吻合程度最好，这与水位验证结果是一致的。北槽中段 CSW 测点与北槽上段 CS1 测点计算值在落潮段内表层流速计算值略大于实测值，这也导致了同一时期水位计算值的偏小。需要指出的是，本书对于长江口北槽的垂向二维模拟中，流速的计算精度与三维模型计算结果存在差距，这是由于垂向二维模拟忽略了北槽转弯段及横向流速的影响，研究存在局限性。但这并不影响对于长江口北槽垂向盐度混合的研究，模型计算结果与实测值的对比说明垂向二维非静压模型能够反映长江口北槽水动力变化过程。

5.4.3 盐度结果对比

在长江口北槽中段和上段，潮周期内盐度变化相对较小。图 5-10、图 5-11，CSW 测点盐度最大值为 14.77psu，出现在 12h；CS1 测点盐度最大值 4.7psu，出现在 $t=12h$。CSW、CS1 分层最明显时刻都出现在 $t=12h$，出现在涨潮流转落潮流时刻，这与前文的指标分析是一致的。由于北槽上段和中段测点盐度变化范围较小，分层程度依然弱于北槽下段 CS7 测点，模型计算结果与实测值吻合较好，非静压模型能够正确模拟潮周期内盐度的垂向变化过程。

长江口北槽下段的盐度变化比较复杂，在计算时间段内，CS7 点盐度变化范围最大，底部盐度最大值出现在 $t=11h$，为 17.39psu，底部盐度最小值出现在 $t=5h$ 时，为 3.39psu；水体表面盐度在 3.68～16.27psu 变化，在 $t=7h$ 和 $t=11h$ 分别达到最小值和最大值；表层和底层盐度差值最大值为 10.3psu，出现在 $t=8h$。图 5-12 为 CS7 测点盐度计算值与实测值的对比图，在 CS7 测点涨急过后，垂向分层较大的时段内非静压模型能够较好地模拟长江口北槽下段 CS7 测点的垂向盐度变化，但是在 $t=5～7h$，模型计算盐度值偏大，且偏大值主要集中在底部。

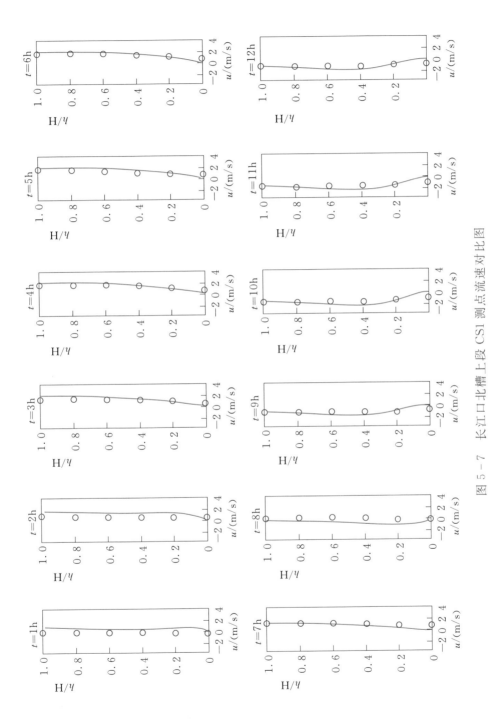

图 5 - 7 长江口北槽上段 CS1 测点流速对比图

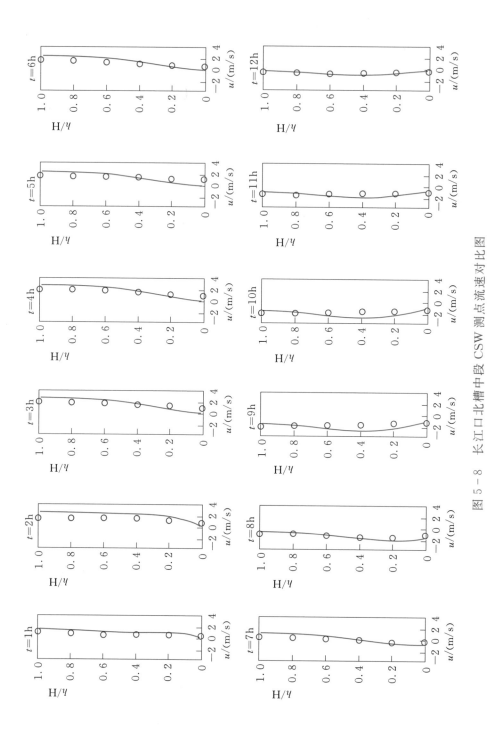

图 5 - 8　长江口北槽中段 CSW 测点流速对比图

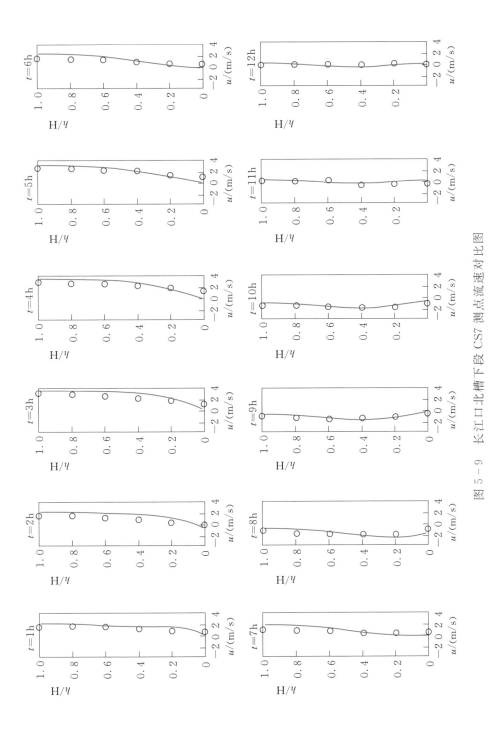

图 5－9　长江口北槽下段 CS7 测点流速对比图

115

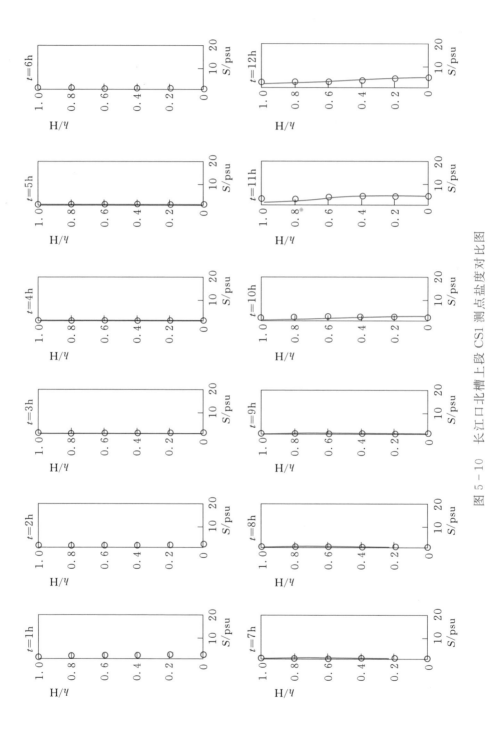

图 5 - 10　长江口北槽上段 CS1 测点盐度对比图

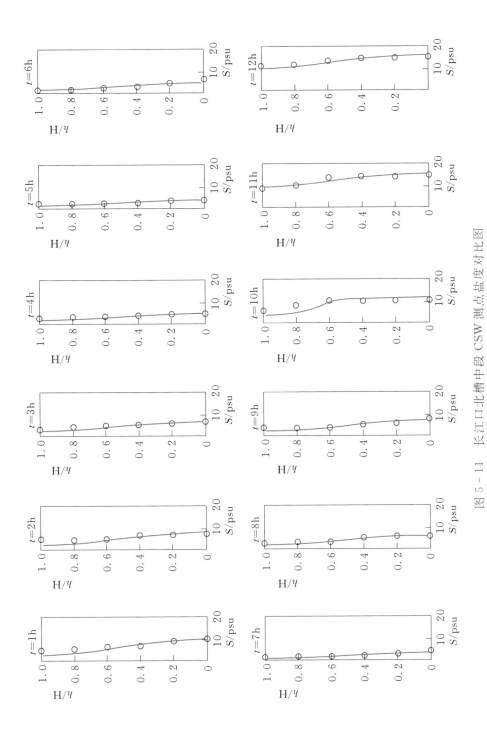

图 5 – 11 长江口北槽中段 CSW 测点盐度对比图

117

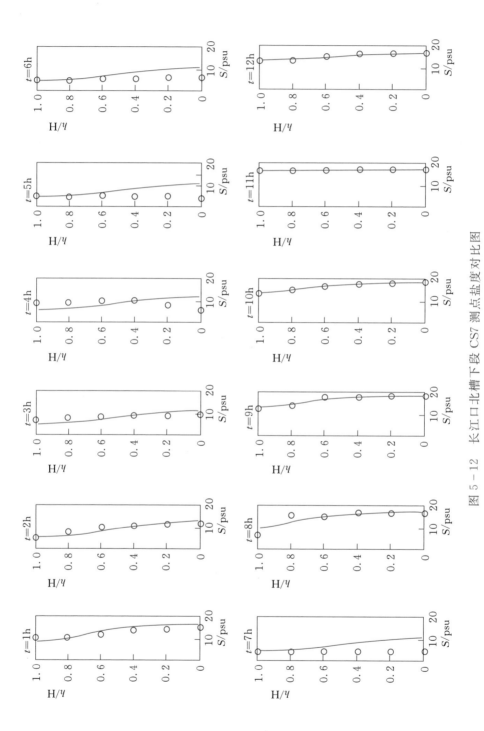

图 5 - 12 长江口北槽下段 CS7 测点盐度对比图

5.4.4 模型计算结果与实测值误差分析

模型与实测值误差分析参考 Ritter、Muñoz - Carpena（2013）提出的指标（η_t），检验非静压模型在长江口北槽流速和盐度模拟中的表现，η_t 的表达式如下：

$$\eta_t = \frac{SD}{RMSE} - 1$$

$$SD = \sqrt{\frac{\sum_{i=1}^{N}(O_i - <O>)^2}{N}} \qquad (5-3)$$

$$RMSE = \sqrt{\frac{\sum_{i=1}^{N}(O_i - P_i)^2}{N}}$$

式中：SD 为观测资料的标准差；$RMSE$ 为计算值与观测资料间的均方根；O_i 为观测值；$<O>$ 为观测值的均值；P_i 为计算值；η_t 为观测值方差（SD）超过计算值与观测值均方根（$RMSE$）的倍数。

$\eta_t < 0.7$ 表示模型计算值不能达到计算要求，计算效果较差；$0.7 < \eta_t <$ 1.2 表示模型计算结果是可信的，能够模拟所求物理量的变化趋势，但是存在误差；$1.2 < \eta_t < 2.2$ 表示模型计算结果准确；$\eta_t > 2.2$ 表示模型计算结果与实测值完全一致。图 5-13 和图 5-14 分别为水平流速与盐度 η_t 的时间序列图，图中黑色水平线表示 $\eta_t = 1.2$，可以看出，在计算的潮周期内，非静压模型的流速及盐度计算值的 η_t 指标都大于 1.2，即模型计算能够较准确模拟流速及盐度的变化过程。

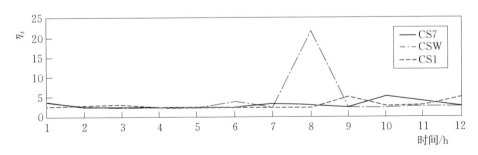

图 5-13 水平流速计算值与实测值 η_t 时间序列图

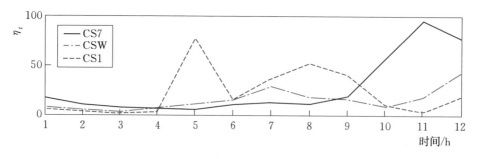

图 5-14 盐度计算值与实测值 η_t 时间序列图

5.5 长江口北槽潮周期内 Simpson（Si）数变化规律分析

盐淡水混合过程直接关系河口水体的垂向混合，与水体温度、污染物、泥沙的输移扩散也密切相关，是研究河口水动力过程和物质输移的重要内容。数学模型的计算结果能够提供较准确的盐度水平梯度值，使分析盐度沿水平向分层混合规律成为可能，因此引入 Simpson 数（也称为水平理查德森数）（Stacey et al.，2001）分析长江口北槽盐淡水分层混合规律，Simpson 数（Si）的表达式如下：

$$Si = \frac{\beta g \partial s/\partial x h_0^2}{C_D u_t^2} \qquad (5-4)$$

式中：$\partial s/\partial x$ 为盐度的水平梯度；u_t 为断面平均流速；C_D 为底部拖曳力系数。

C_D 表达式如下：

$$C_D = \frac{\kappa^2}{\ln^2(11.04H/z_b)} \qquad (5-5)$$

式中：$\kappa=0.4$ 为 Von Karman 常数；H 为水深；z_b 为底部粗糙高度，模型中设置为 1.5mm。Si 数可反映潮汐应变与潮汐搅动之间的平衡关系，当 $Si \leqslant 0.088$ 时，水体属于完全混合；当 $0.088 < Si < 0.84$ 时，属于应变致周期性层化（SIPS）；当 $Si \geqslant 0.84$ 时，水体属于持续性层化（Becherer et al.，2011）。图 5-15 为 Si 数在北槽段（CS1）、中段（CSW）和下段（CS7）测点时间序列图，点划线表示垂向平均流速。可以看出，在北槽上段 CS1 点，Si 最大值出现在涨憩时刻，也只有在涨憩时刻附近水体达到持续性分层标准（$Si > 0.84$）；北槽中段和下段测点在模拟的潮周期内 Si 数出现了两个极值，分别出现在涨憩和落憩时刻，说明北槽中段和下段水体在转流时分层较强，同时可以看出北槽中段和下段基本处于应变致周期性层化（SIPS）状态，在涨急落急时刻，Si 数值接近（SIPS）状态下限临界值，说明受潮汐扰动作用，此时水体混合较强。

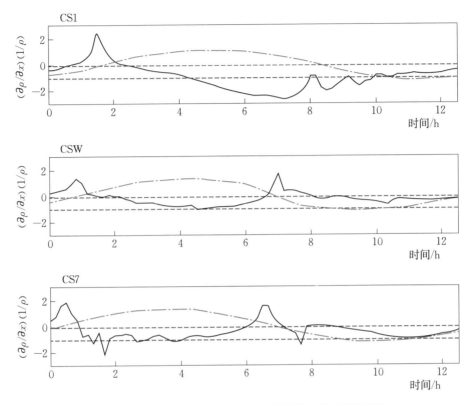

注：虚线，$Si=0.088$ 和 $Si=0.84$。点划线，垂向平均流速。

图 5-15　北槽上段（CS1）、中段（CSW）和
下段（CS7）测点 Si 时间序列图

上述对于 Si 数分析与实测资料的分析结果是基本一致的，在潮周期内北槽上段盐淡水以混合为主，在涨憩附近出现短时间持续性分层；北槽中段和下段，盐淡水分层强度较强，在涨憩和落憩附近分层程度最高，在涨急落急时刻由于潮汐扰动的作用，混合较强。

5.6　长江口北槽剪切不稳定性的产生及衍化过程

K-H 不稳定性是指在有剪力速度的连续流体内部或有速度差的两个不同流体的界面之间发生的不稳定现象。在海洋水体中，K-H 不稳定性一般

发生于密度界面或者温度界面，K－H 不稳定性发生时会引起盐度（温度）界面的波动。如图 1－2 所示，两种不同密度流体，由于速度不同，在密度界面处存在较大的速度梯度，密度界面微小扰动会引起附近流体速度的变化，由于阻力增大，界面附近低密度流体流速减小［图 1－2（b）］，形成局部高压区，局部高压区的形成进一步促进密度界面的变形，最终导致 K－H 涡的形成（图 3－13）。通过前文对实测资料浮力频率、速度梯度和理查德森数的分析可知，在长江口北槽存在理查德森数小于 0.25 的区域，同时北槽中段和下段速度梯度较大，可能形成 K－H 不稳定性。通过对于长江口北槽一次枯季大潮盐淡水混合的非静压模拟，在北槽下段 CS7 与 CS4 之间模拟出了 K－H 不稳定性的发生。本节将对 K－H 涡的空间尺度、时间尺度及对盐淡水混合和紊流的影响进行分析。

5.6.1　长江口北槽下段 K－H 涡的特点及尺度分析

图 5－16 分别为 $t=7.2h$、$t=8.2h$ 和 $t=9.2h$ 盐度分布图，图中可以看到盐度分布存在明显的抖动。选取 $t=7.2h$ 时刻进行研究是因为此时盐度抖动开始出现，且比较明显，另外两个时刻依次推后 1h。从 $t=7.2h$ 到 $t=8.2h$ 盐度分布抖动范围向上游扩展，而在 $t=9.2h$ 时刻盐度的抖动范围又缩小至 $x=49\sim51km$。在整个潮周期内盐度抖动主要集中于 $x=49\sim51km$，最大扩展范围为 $x=48\sim51km$。

图 5－16 中盐度分布的抖动即为 K－H 涡，由 K－H 涡的尺度较小，在图中只能表现为盐度抖动的形式，由于 $t=7.2h$ 时刻 K－H 涡形状比较规则，选择 $t=7.2h$ 时刻分析 K－H 涡的特点，将发生盐度抖动区域的盐度分布图进行放大，并计算了垂向浮力频率、速度梯度和理查德森数。图 5－17 中可以看出经过局部放大后，盐度抖动呈现出典型的 K－H 涡形态，此区域理查德森数小于临界值 0.25［图 5－17（d）］，满足 K－H 不稳定性产生的条件；在 K－H 涡存在区域边缘，浮力频率数值较大，N^2 最大值达到 $0.045s^{-2}$；流速梯度的平方 S^2 在 K－H 涡存在范围内数值也较大，最大值约为 $0.07s^{-2}$；为说明 K－H 不稳定性在 $x=50\sim51km$ 区域产生的原因，计算了 $t=7.2h$ 时盐度锋面处盐度、垂向浮力频率、速度梯度和理查德森数（图 5－18），此处盐淡水存在分层，但没有产生 K－H 不稳定性。图中可以看出，在盐跃层附近，浮力频率和速度梯度数值也出现极大值，对比图 5－17 可以发现，此处浮力频率和速度梯度数值偏小，理查德森数也大于产生 K－H 不稳定性的临界条件，说明 K－H 不稳定性存在的条件需要理查德森数小于 0.25，这与前人的研究结论是一致的。但同

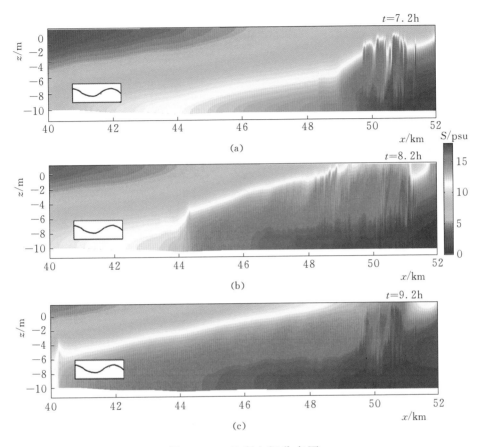

图 5-16　盐度空间分布图

时可以看到在图 5-17 和图 5-18 水体底部理查德森数的数值也小于临界值，由于底摩阻的作用，水体底部存在较大的速度梯度，密度梯度又较小，很容易使理查德森数达到临界值，但从盐度的分布中未能观察到剪切不稳定性发生的迹象，这说明理查德森数小于 0.25 并不是 K-H 不稳定性产生的充分条件。Ri < 0.25 这一 K-H 不稳定性发生的临界条件是在假设平行分层条件下利用 Taylor-Goldstein 方程推导的，对于更加复杂的分层情况，临界值会有变化（Hazel，1972），虽然对于判定 K-H 何时发生的理查德森数存在不同取值，但是一般认为 K-H 发生时理查德森数是小于 0.25 的，也就是理查德森数小于 0.25 是 K-H 不稳定性发生的必要条件，但不是充分条件。这就解释了为什么北槽上段、中段以及下段水体底部在潮周期内大部分时间理查德森数小于 0.25，但是并没有发生 K-H 不稳定性。K-H 不稳定性的产生需存在较大的流速垂向梯度，同时存在明显的密度差，两者缺一不可。

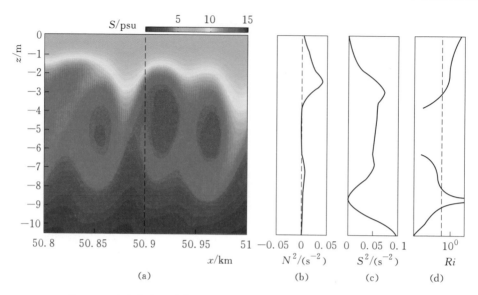

注：（a）中虚线表示计算浮力频率、速度梯度和理查德森数的位置；
（d）中虚线表示理查德森数临界值0.25

图5-17　$t=7.2\text{h}$盐度、N^2、S^2、Ri垂向分布图

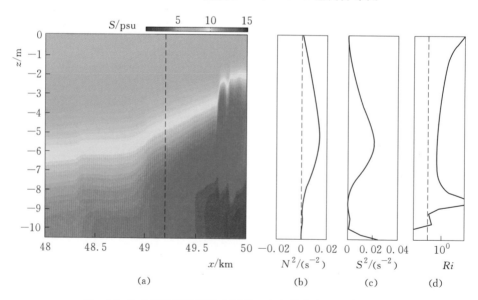

注：（a）中虚线表示计算浮力频率、速度梯度和理查德森数的
位置；（d）中虚线表示理查德森数临界值0.25

图5-18　$t=7.2\text{h}$盐度、N^2、S^2、Ri垂向分布图

图 5 - 19 为 $t=7.2\text{h}$ 时刻盐度、流速（u，w）展向涡度分布图，可以看出，与 K - H 涡相对应，在 K - H 涡出现区域水体表层和底层水平流速增大，水平流速垂向梯度增大；K - H 涡位置对应垂向流速正负交替分布，垂向流速的增大促进盐淡水的垂向混合；从展向涡度的分布图可知，K - H 涡引起的垂向盐淡水混合主要集中于 $-9\sim-2\text{m}$ 范围，水体上部涡度数值因 K - H 涡的形成而增大，展向涡度的极大值主要集中于 K - H 涡的边缘。雷诺数可由公式计算得到：

$$Re = \frac{u\delta}{v} \tag{5-6}$$

式中：u 为盐跃层上下流体速度差值的 $1/2$；δ 为盐跃层厚度的 $1/2$；v 为分子涡黏系数。根据以上公式可得 $t=7.2\text{h}$ 时 K - H 不稳定性产生区域雷诺数约 500000，这与 Geyer et al.（2010）观测区域雷诺数是一个量级的，Geyer 的观测证实了 Corcos、Sherman（2006）的推论：在高雷诺数水流中，K - H 涡边缘次级 K - H 不稳定性引起的展向涡度是不同密度流体混合的重要动力机制。本书对于长江口北槽 K - H 不稳定性的模拟，由于水平计算网格的限制，未能捕捉到次级 K - H 涡的存在，但是对于 K - H 涡的引起的盐淡水混合机制模拟与观测结果是一致的，说明非静压模拟对于河口 K - H 涡衍化的模拟是准确的。

如上所述，在 $t=7.2\text{h}$ 长江口北槽 K - H 涡主要存在于 $x=50\sim51\text{km}$，即盐水由外海进入北槽后约 $1\sim2\text{km}$ 处发生剪切不稳定性，图 5 - 17 可以看出 K - H 涡的水平尺度约为 $40\sim60\text{m}$，出现在水体中部，垂向尺度约为 $4\sim7\text{m}$，为精确分析 K - H 涡的水平尺度，采用快速傅里叶变换（FFT）计算 $t=7.2\text{h}$ 时垂向流速的谱分布，公式如下：

$$w(x,\ z) = \sum_{n=-N+1}^{N} \hat{w}_n(k_x,\ z)\mathrm{e}^{ik_x x} \tag{5-7}$$

式中：k_x 为顺流方向波数；$\hat{w}_n$ 为傅里叶变换系数；$N=N_x/2$ 为 x 方向网格数。为表示谱分布各部分的相对大小，对垂向流速的谱分布进行单位化，公式如下：

$$P(n,\ z) = \frac{|\hat{w}_n|^2}{\sum\limits_{n=-N+1}^{N} |\hat{w}_n|^2} \tag{5-8}$$

选取 $z=-5\text{m}$，对顺流方向 $38\sim42\text{km}$ 网格点垂向流速进行快速傅里叶变换，并进行单位化，计算的谱分布见图 5 - 20，可以看出，能量主要集中于波数为 $0\sim0.2\text{m}^{-1}$ 范围内，对速度谱进行加权平均，得到平均波数为 0.105m^{-1}，根据波数的定义，可以得到 K - H 涡的平均波长约为 59.8m。沿

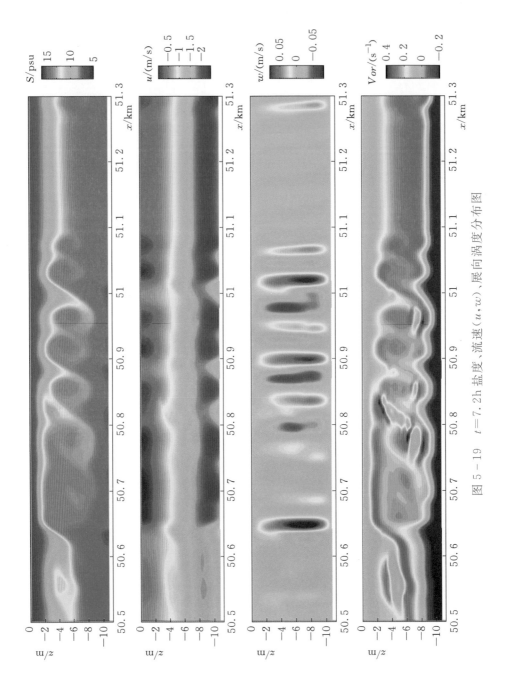

图 5 - 19 $t=7.2\text{h}$ 盐度、流速 (u,w)、展向涡度分布图

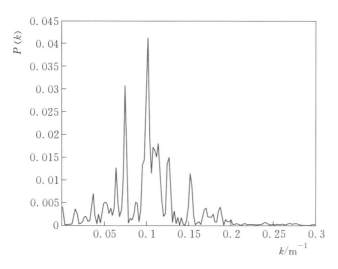

图 5-20 $t=7.2$h，$z=-5$m 顺流方向单位化速度谱

水深方向，在 $z=-9\sim-2$m 范围内计算垂向流速沿顺流方向的谱分布，单位化后进行加权平均，可得到平均波数的垂向分布（见图 5-21），可以看到垂向平均波数在 $z=-7.5$m 处达到极大值 0.112m^{-1}，对应的波长约为 56m，在 $z=-2\sim-9$m 范围内，根据单位化的速度谱分布得到的波长范围在 56～

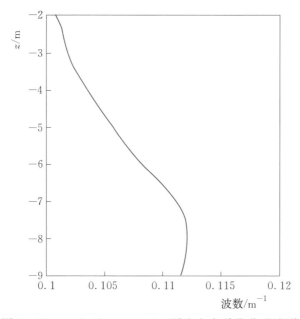

图 5-21 $t=7.2$h，$z=-5$m 顺流方向单位化速度谱

61m 之间，这与前人的观测结果是一致的。目前观测数据分析得到的 K-H 涡水平尺度在 10～150m 的范围内，Tedford et al.（2009）曾在加拿大 Fraser 河口观测到由 K-H 不稳定性引起的波长为 20～65m 的涡。模型得到的 K-H 涡的水平尺度与观测值是相符的，说明模型能够反映河口地区盐淡水混合过程中剪切不稳定性引起的涡的衍化过程。

5.6.2 长江口北槽下段 K-H 涡发生的时间尺度

在层化较强的河口，往往会出现密度在垂向上突然增大的界面，即盐跃层。由于盐跃层附近垂向密度梯度较大，垂向浮力频率 N 在盐跃层处会出现极大值，因此可以通过计算垂向浮力频率 N 判断盐跃层的位置，同时若因 K-H 不稳定产生 K-H 涡，会引起盐跃层位置的变化，所以首先通过浮力频率 N 的时间变化图判断长江口北槽下段剪切不稳定发生的时间。

K-H 不稳定性主要发生在北槽下段，为使特征点选择具有代表性，分别在 K-H 涡发生且较明显区域，在 K-H 涡产生但强度较弱区域和没有 K-H 涡产生区域取点，三个特征点选取在 $x=50$km、$x=48$km 及 $x=46$km 位置。图 5-22 为浮力频率的平方的对数值在潮周期内的变化图，颜色表示

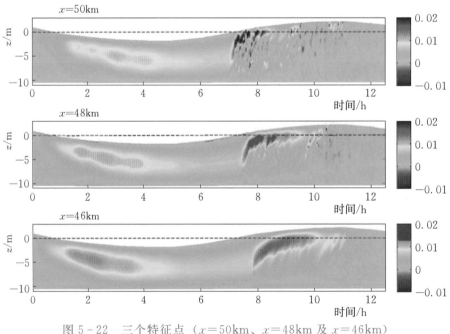

图 5-22　三个特征点（$x=50$km、$x=48$km 及 $x=46$km）
浮力频率 $\log(N^2)$ 在潮周期内的变化

的数值为 $\log(N^2)$。可以看出，在落潮阶段，三个特征点位置盐跃层位置逐渐下降、深度逐渐增大，这是因为落潮期间径流与潮流流向一致，流向外海，北槽中盐水体积减小；在涨潮阶段，随着涨潮动力的增强，三个特征点依次经历了盐跃层位置的升高和厚度减少的过程，水体盐淡水分层程度增强；在 $x=50\mathrm{km}$ 和 $x=48\mathrm{km}$ 两个位置出现浮力频率垂向数值的抖动，表明有 K-H 涡的形成，且 $\log(N^2)$ 在同一时刻垂向上出现多个极值，这是 K-H 涡存在的一个明显标志，即盐度在垂向发生翻转，会出现多个密度梯度较大的区域；在 $x=46\mathrm{km}$ 处 $\log(N^2)$ 等值线比较平滑，垂向分布也未出现抖动和多个极值的情况，说明没有 K-H 不稳定性的发生。

K-H 不稳定性的发生与速度垂向梯度密切相关，因此计算了三个特征点流速垂向梯度的平方 $\log(S^2)$，图 5-23 为潮周期内 $\log(S^2)$ 的时间序列图。在落潮阶段，三个测点速度垂向梯度都较小；而在涨潮阶段，随着潮动力的增强，在 $x=50\mathrm{km}$ 处，速度垂向梯度急剧增加，并伴随剪切不稳定性

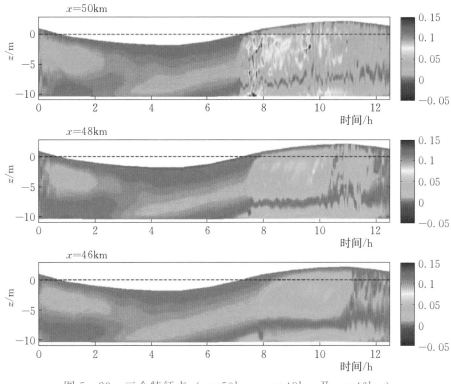

图 5-23 三个特征点（$x=50\mathrm{km}$、$x=48\mathrm{km}$ 及 $x=46\mathrm{km}$）
流速梯度的平方 $\log(S^2)$ 在潮周期内的变化图

的发生，垂向速度梯度平方的最大值出现在 $t=7\sim8$h，最大值约为 $0.15\mathrm{s}^{-2}$，此时在 $x=50$km 处非静压效应明显，动压值也开始增大（图 5 - 24），动压绝对值最大值为 41N/m²，与静压值相比要小三个数量级左右，但如第 3 章中 LocK - Exchange 算例中的分析，在 K - H 涡的形成和衍化过程中，动压值对于涡度变化的贡献是不可忽略的，动压在涡的形成过程中起促进作用。在另外两个特征点处，随着盐跃层的变化及盐淡水分层程度的增强，速度梯度也开始增大，但增大发生的时刻随着距离导堤出口距离的增加而延后，速度梯度的最大值也逐渐降低，增大区域主要集中于盐跃层区域及水体底部，前者是由不同密度水体引起的，后者是由于底摩阻的作用。

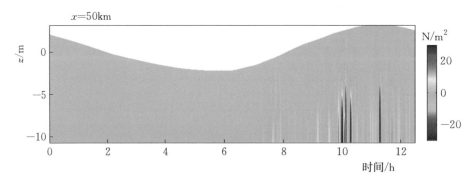

图 5 - 24　特征点（$x=50$km）动压值（p）在潮周期内的变化图

图 5 - 25 为三个特征点的理查德森数时间序列图，图中颜色表示 $\log(Ri*4)$，所以图中小于 0 的区域表示理查德森数小于 0.25。图中可以看出，三个测点都出现理查德森数小于 0.25 的区域，位置主要集中于水体底部和上部盐跃层位置。从上文的分析可知，理查德森数小于 0.25 仅为 K - H 不稳定性产生的必要条件，K - H 不稳定性的产生需存在较大的流速垂向梯度，同时存在明显的密度差。因此对比图 5 - 22 和图 5 - 23，$x=50$km 特征点同时满足以上三个条件的时间为 $t=7\sim9.5$h，$x=48$km 特征点同时满足以上三个条件的时间为 $t=7.5\sim10$h，所以长江口北槽下段 K - H 不稳定性产生于落憩与涨急之间，持续时间约为 2.5h。

通过本小节的对于垂向密度梯度和速度梯度的分析，可以看出长江口北槽 K - H 不稳定性发生在涨潮阶段，在涨急与涨憩之间，持续时间约为 2.5h，K - H 涡形成过程中垂向密度梯度和速度梯度都存在明显的抖动，并由于盐度发生翻转，使垂向密度和速度梯度都出现多个极大值，时间上垂向密度梯度和速度梯度的极大值都发生在 K - H 涡形成初期。

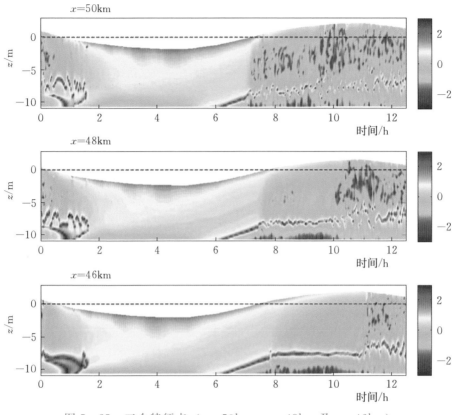

图 5-25　三个特征点（$x=50$km、$x=48$km 及 $x=46$km）
理查德森数 $\log(Ri*4)$ 在潮周期内的变化图

5.6.3　K-H 涡对于盐淡水混合及紊流的影响

K-H 不稳定性是在有剪切速度的有密度差的不同流体的界面之间发生的不稳定现象。在盐淡水分层明显的河口区域，潮汐、风应力作用是盐淡水混合的主要动力因素，这些因素引起的垂向速度梯度能够克服密度梯度时 K-H 剪切不稳定性发生。K-H 不稳定性发生后，伴随密度翻转，水体紊动增强，促进不同密度水体的混合，并可能伴随次级 K-H 不稳定性的出现（Smyth，Moum，2012）。

图 5-26～图 5-27 分别为三个特征点（$x=50$km、$x=48$km 及 $x=46$km）盐度、水平流速和垂向流速的时间序列图。从盐度的时间序列图可以明显地看出，在 $x=50$km 点由于剪切不稳定性的发生，盐淡水由分层到充分混合所需的时间要小于另外两个点，说明剪切不稳定性可促进盐淡水的垂

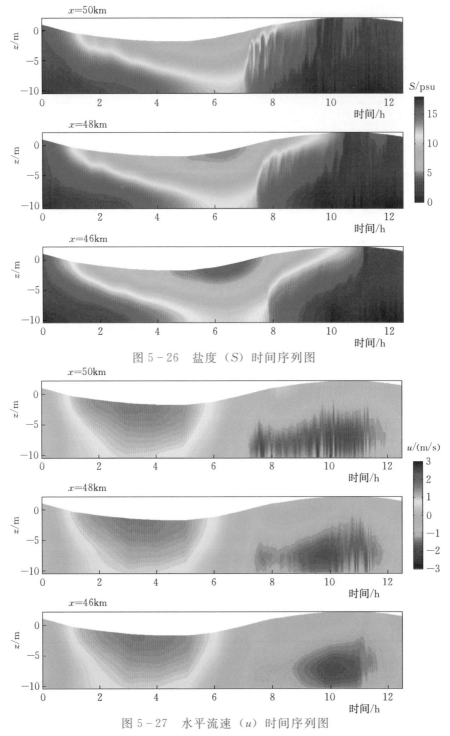

图 5 - 26 盐度（S）时间序列图

图 5 - 27 水平流速（u）时间序列图

向混合过程。同时可以看出，在 $x=50$km 点水平流速在时间上存在明显的抖动，且抖动的时间与剪切不稳定性同时产生，但持续时间要长于剪切不稳定性存在时间，这是因为速度的抖动是由紊动引起的，虽然剪切不稳定性促进水体紊动的增强，但紊动并没有伴随剪切不稳定性的消失而消失。水平流速的时间序列图与盐度时间序列相对应，由于 K-H 不稳定性的存在，水平流速存在抖动，但盐淡水充分混合后，水平流速抖动依然存在至 $t=12$h 时刻，这是由于 K-H 涡消失后盐淡水混合的紊动还比较强烈引起的。垂向流速在 K-H 开始产生后，量值开始增大，垂向分布呈现正负交替分布（图 5-28），同样的，由于紊动的影响，垂向流速在 K-H 涡消失后数值依然较大，说明存在较强的盐淡水垂向混合。

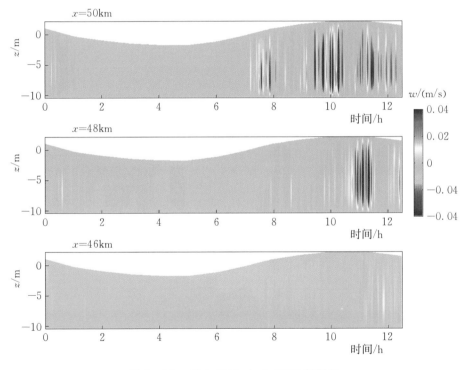

图 5-28   垂向流速（w）时间序列图

为更直观的分析 K-H 不稳定性的产生对于盐淡水混合过程及紊动的影响，分别计算了三个特征点垂向盐度分布方差的时间序列图（图 5-29）和紊动动能时间序列图（图 5-30）。垂向盐度方差的计算公式如下：

$$RMS(t) = \frac{(S_i - <S>)^2}{N_z} \qquad (5-9)$$

式中：S_i 为特征点特定时刻某一深度盐度值；$<S>$ 为此时刻垂向盐度均值；N_i 为垂向网格数。紊动动能的计算采用计算值减去速度时间序列滑动平均值的方法得到速度紊动值，紊动动能计算公式见（4-4）。

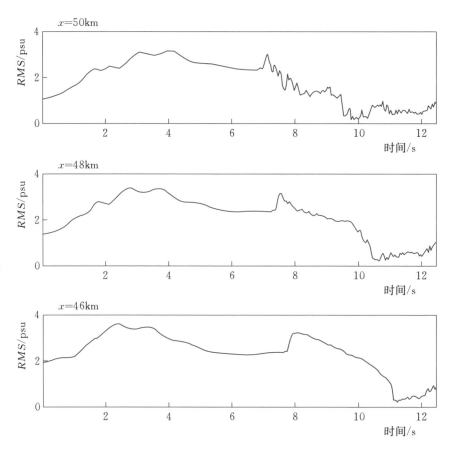

图 5-29　垂向盐度分布方差时间序列图

　　垂向盐度方差可以反映垂向盐度值的离散情况，方差值较小时表示垂向混合完全，而盐淡水分层时方差值会增大。图 5-29 为垂向盐度分布方差的时间序列图，在落潮期，三个测点垂向盐度方差的变化趋势类似，即随着盐淡水分层程度的提高，方差值逐渐增大，但极大值出现的时间并不相同，越靠近外海的点方差最大值出现时间越晚；在涨潮阶段，外海盐水从底部入侵，三个特征点盐度垂向方差都出现一个极大值点，然后由于盐淡水混合，方差值开始下降。可以看出，在 $x=50$km 点，方差值下降的最快，说明盐淡水混合速率较快，一方面是由于此处最靠近外海，潮动力作用较强；另一方面是由于 K‐H 涡的存在促进盐跃层附近盐淡水的混合。

图 5‐30 为三个特征点紊动动能时间序列图，可以看出，在剪切不稳定性开始产生的 7~8h，x＝50km 特征点紊动动能达到最大，此时段也是 K‐H 最为明显的时间，说明 K‐H 不稳定性的存在促进水体紊动的产生；另外两个特征点在 t＝6~8h 盐跃层附近的紊动动能数值明显强于其他时刻，且变化趋势类似，在涨急时刻达到最大，K‐H 不稳定性对于紊动动能的增大不如 x＝50km 明显。

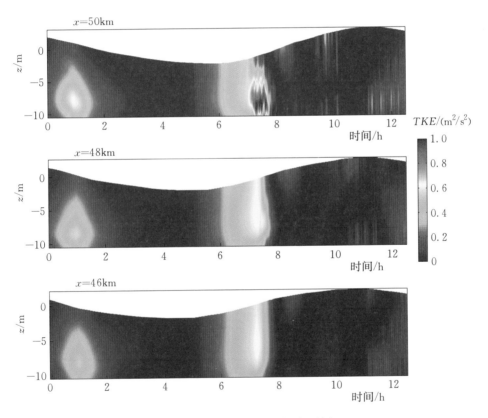

图 5‐30　紊动动能时间序列图

表 5‐1　　　　　　　非静压模型与静压模型计算结果平均方差比　　　　　　　%

参　数	x＝50km	x＝48km	x＝46km
u	41.1	11.0	1.02
w	100.0	100.0	22.1
s	80.0	27.9	0.4

总之，潮流进入长江口北槽导堤后，在距离导堤出口 1～3km 范围内在落急与涨憩之间会产生 K－H 不稳定性，持续时间约为 2.5h，K－H 不稳定性的产生使盐淡水混合加剧，紊动增强。

5.7 动压在 K－H 涡形成过程中的作用

在第 3 章 LocK－Exchange 算例的模拟中，分别用静压模型和非静压模型进行了计算，对比两种模型计算结果，可知静压模型无法模拟 K－H 涡的衍化过程。并通过分析静压和动压的水平和垂向梯度，认为动压在 K－H 涡形成过程中所起作用主要是通过水平梯度施加的。本节将通过计算静压和动压的垂向和水平梯度，分析动压在长江口北槽 K－H 涡形成过程所起的作用。

图 5－31 为 $t=7.2$h 静压与动压水平、垂向梯度比值图，与 LocK－Exchange 算例相同，在大部分区域动压值的垂向梯度比静压值的垂向梯度小 6～8 个数量级，在 K－H 涡存在区域，动压的垂向梯度有所增加，约比静压垂向梯度小 4 个数量级；而动压水平梯度在 K－H 涡存在区域与静压水平梯度在量值上是相当的，在某些区域甚至要大于静压的水平梯度，动压水平梯度最大比静压水平梯度大 2 个数量级。这一结果进一步验证了在 LocK－Exchange 算例得出的结论，动压在 K－H 涡形成过程中所起作用主要是通过

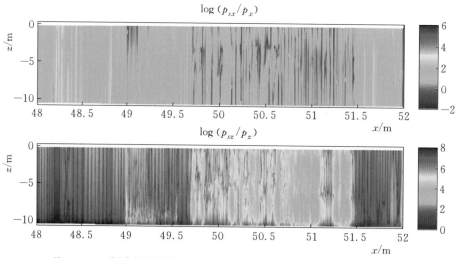

注：p_s、p 分别表示静压和动压；下标 x、z 分别表示水平和垂向梯度

图 5－31 $t=7.2$h 静压与动压水平、垂向梯度比值图

水平梯度施加的。

5.8　非静压模型与静压模型计算结果对比分析

为分析静压模型与非静压模型计算结果的差异，在非静压模型中关闭动压值的求解，参数设置与非静压模型一致，从而得到静压模型计算结果。对比非静压模型和静压模型计算结果有助于理解动压在长江口北槽盐淡水混合中的作用。

图 5-32 为 $t=7.2$h、$t=8.2$h 和 $t=9.2$h 时刻两种模型计算水平流速的差值，可以看出，在 $t=7.2$h 时刻，计算偏差主要出现在 K-H 涡出现区域。随着时间的推移和 K-H 涡向上游扩展，计算偏差存在的区域也向上游扩大。在 $t=9.2$h 时刻，K-H 涡范围有所减小，而计算偏差继续向上游扩展，说明静压模型在 K-H 涡区域的模拟误差会随着潮波的传播影响上游水动力的模拟，计算的潮周期内出现较大偏差（>0.1m/s）的区域为 $x=42\sim51.3$km，这一范围超出 K-H 涡的存在范围。两种模型计算水平流速最大偏差出现在 $x=50.8$km，$t=7.7$h，为 1.54m/s，位于 K-H 涡产生区域。

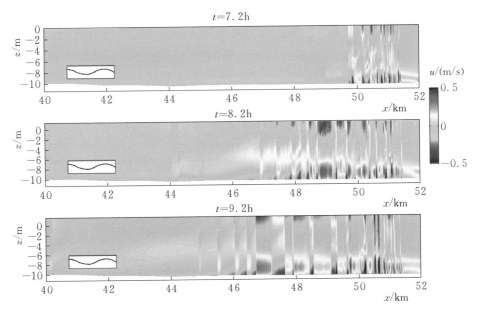

图 5-32　非静压模型与静压模型水平流速计算偏差

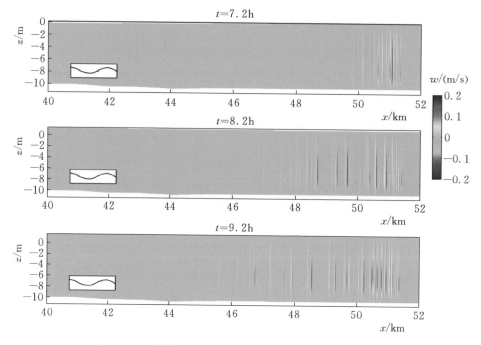

图 5-33 非静压模型与静压模型垂向流速计算偏差

$t=7.2\mathrm{h}$、$t=8.2\mathrm{h}$ 和 $t=9.2\mathrm{h}$ 时刻两种模型计算垂向流速的差值见图 5-33，计算偏差随时间的变化趋势与水平流速偏差相同，偏差出现在 K-H 涡存在区域，并向上游推移，最大影响范围为 $x=45\sim51.3\mathrm{km}$；垂向流速的最大偏差为 $0.08\mathrm{m/s}$，出现在 $x=50.6\mathrm{km}$，$t=7.8\mathrm{h}$，与最大水平流速偏差位置相近，都位于 K-H 涡存在区域。

两种模型盐度偏差见图 5-34，模型盐度偏差同样开始出现在 K-H 涡形成区域，并随时间的推移逐渐影响上游盐度计算值；静压模型的模拟结果也会出现类似 K-H 涡的盐度分布，但尺度存在较大差异，所以会出现如图 5-34 所示的盐度偏差图，图中偏差的主要特征为在水体表层非静压模型盐度模拟值小于静压模型计算结果，在水体中部正好相反，非静压模型模拟盐度结果大于静压模型计算值。图 5-16 可以看出在 $t=9.2\mathrm{h}$，非静压模型计算盐度分布在垂向已经混合完全，而图 5-34 中两种模型还存在较大盐度偏差，说明静压模型模拟结果中盐度发生了翻转，底层高密度盐水进入表层，但是混合程度并不高。

为进一步分析非静压模型与静压模型计算结果的差异，引入误差计算公式，形式如下：

$$NRMSE = \sqrt{\dfrac{\displaystyle\sum_{i=1}^{N}(X_i - X'_i)^2}{\displaystyle\sum_{i=1}^{N}X'^2_i}} \tag{5-10}$$

式中：X'_i 为静压模型计算结果；X_i 为静压模型计算结果；N 为一个潮周期内模型输出数据次数。因此，$NRMSE$ 表示潮周期内两种模型计算结果方差与非静压模型计算值平方的比值。

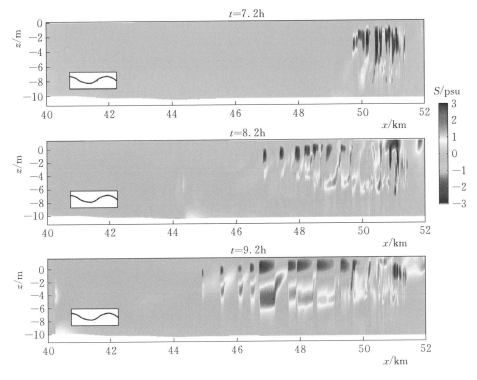

图 5 – 34   非静压模型与静压模型盐度计算偏差

两种模型误差计算值见表 5 – 1，分别计算了 $x=50\text{km}$、48km、46km 位置的误差。可以看出，两种模型垂向流速的方差比值最大，在 K – H 涡存在区域比值为 100%，在 $x=46\text{km}$ 处方差比值也达到 22.1%；对比在 K – H 存在时间内两种模型垂向流速的数值，发现非静压模型垂向流速数值要比静压模型计算结果大 2～3 个数量级。水平流速的偏差在 K – H 存在区域也较大，在 $x=50\text{km}$ 点方差比值为 41.1%，而在 $x=46\text{km}$ 位置，由于没有 K – H 不稳定性的发生，水平流速的偏差很小，方差比值仅为 1.02%。盐度的偏差与水平流速偏差具有同样的趋势，在 K-H 涡存在区域，两种模型差别较大，而在未发生 K-H 不稳定性的区域，差别仅为 0.4%。这说明非静压模型与静压模型计算结果差异主要出现在 K-H 不稳定性区域，差别最主要的体现就是垂向流速的数值，可以相差 2~3 个数量级。造成这一差别的原因是非静压模型和静压模型在计算盐度混合时的机制存在差别，静压模型由于基于静压假设，忽略了动压及垂向流速的垂向加速度，所以盐淡水混合主要依靠水平对流扩散，这就是前文分析虽然在静压模型中发生了盐度翻转，但未产生充分的垂向混合的原因；而非静压模型精确求解了动压值，盐淡水混合过程中既有水平向的对流扩散，也考虑了垂向的对流扩散，能够更准确地模拟盐淡水的混合过程，Özgökmen et al.（2007）也指出垂向对流和动压之间的平衡对于盐淡水混合、内波传播的准确模拟至关重要。

5.9 本章小结

本章通过实测资料分析和非静压模型模拟的方法研究了长江口北槽的盐淡水混合特征，主要结论如下。

（1）根据对长江口北槽 2009 年 4 月 27—28 日实测水位、流速、盐度数据的分析，得到长江口枯季大潮期间盐淡水分层混合的主要规律为：长江口北槽枯季大潮期间，盐淡水分层时间从上段到下段呈现逐渐增强的趋势，北槽上段盐淡水分层主要出现在涨潮流转落潮流之间，北槽中段在涨憩和落憩时刻分层都比较明显，北槽下段水体分层时间继续增加，但在靠近导堤出口处由于潮动力的增强，水体分层主要出现在涨憩和落憩时刻。同时分析了北槽各段 K-H 不稳定性发生的可能性，北槽上段浮力频率和速度梯度都较低，不存在 K-H 产生的条件。北槽中段和下段，随着分层程度的增强，盐跃层速度梯度也有所增加，存在理查德森数小于 0.25 的区域，可能产生 K-H 不稳定性。

（2）利用非静压模型 NHWAVE 对长江口北槽的一次枯季大潮过程进行了垂向二维模拟，模型能够较准确地模拟长江口北槽径流、潮流引起的盐淡水混合过程。在北槽下段距离 CS0 测站 48~51km 范围内模拟出 K-H 涡的存在，K-H 涡出现在涨急与涨憩之间，持续时间约为 2.5h。K-H 涡的水平尺度在 56~61m，出现在水体中部，垂向尺度约为 6~7m，这与国外学者在河口观测到的 K-H 涡尺度相符。K-H 不稳定性发生区域盐淡水垂向混合速率加快，水体紊动增强。

（3）通过对比非静压模型与静压模型计算结果，得到两种模型计算结果差异较大的区域位于 K-H 涡存在区域，差别最大的物理量为垂向流速，非静压模型计算得到垂向流速在 K-H 涡存在区域要比静压模型结果大 2～3 个数量级。造成非静压模型与静压模型计算差异的主要原因是两者的盐淡水混合机制存在差别，静压模型由于基于静压假设，忽略了动压及速度的垂向加速度，盐淡水混合主要依靠水平对流扩散，无法准确模拟盐淡水的垂向混合，而非静压模型精确求解了动压值，盐淡水混合过程中既有水平向的对流扩散，也考虑了垂向的对流扩散，所以能够更准确地模拟盐淡水的混合过程。

（4）通过对比静压和动压在 K-H 涡形成过程中水平梯度和垂向梯度的比值，动压的垂向梯度明显小于静压的垂向梯度。而动压的水平梯度在大部分区域与静压水平梯度在量级上是相当的，在盐跃层附近动压的水平梯度甚至可以比静压水平梯度大两个数量级。因此，认为动压在 K-H 涡形成过程中所起作用主要是通过水平梯度施加的。

6 结 语

6.1 主要结论

河口区域盐淡水分层混合问题关系水体动量和能量交换，对于盐度、泥沙以及污染物的扩散、输移和分布有重要影响。同时河口水动力条件复杂，受径流、潮流、风、波浪等多种动力因素的影响，所以河口区域盐淡水混合的研究意义重大但异常复杂。目前河口水动力的模拟普遍应用静压模型，忽略了控制方程中的动压项，从而在非静压效应明显区域不能准确计算垂向流速分布，这就使利用静压模型研究盐淡水的垂向混合带来困难，因此需要在垂向流速变化较大的区域采用非静压模型进行研究。本文基于非静压模型 NHWAVE，针对非静压模型求解泊松方程计算耗时较多的问题，提出了提高非静压模型计算效率的 PDI 方法，并分析了 PDI 方法对于非静压模型计算精度和计算效率的影响。在此基础上，利用非静压模型研究了恒定超临界分层流紊动衍化过程。模拟了长江口枯季大潮期间盐淡水垂向混合 K－H 涡形成过程并分析了 K－H 涡的存在对垂向盐淡水混合的影响。主要结论如下。

（1）提出了非静压模型 PDI 高效计算方法，可在不影响非静压模型计算精度的前提下显著提高非静压模型计算效率。

在假设动压值的计算，特别是垂向分布的计算，不需要特别精细的网格的基础上，提出了非静压模型 PDI 高效计算方法。通过驻波的传播、LocK－Exchange 问题和内波破碎算例，验证了 PDI 方法对于非静压模型精度和计算效率的影响。结果显示：PDI 方法可在不影响非静压模型计算精度的前提下，大幅提高非静压模型的计算效率。垂向压力网格在减小 90％情况下，计算结果与全网格模型结果差异很小，求解泊松方程的时间可减少了 84％。

（2）研究了超临界分层流受沙脊地形影响紊动拟序结构的衍化过程。紊动发展经历三个阶段。阶段一：伴随底部边界层分离产生了 y 向一致的展向涡，此时水体流速呈现二维特性，紊动较弱。阶段二：随着速度 v 的增大，展向涡呈现规则的波状变化，水体紊动持续增强。阶段三：水体进入完全三维紊动状态，紊动动能达到最大值，水体展向涡和流向涡并存，无规则形状。

（3）水体内部涡旋与自由表面流速散度存在直接的对应关系，这一关系本质上是由涡旋导致的垂向流速变化引起的。

流向涡和展向涡与自由表面流速散度存在对应关系，水体内部涡旋对应自由表面流速散度的一个正负交替分布，涡的尺度与散度波动波长相同，涡旋范围内盐跃层最高点对应散度波动的下跨零点。根据连续性方程，自由表面流速散度等于垂向速度 z 向梯度的相反数，所以自由表面流速散度的变化与盐跃层上部垂向流速梯度值负相关，自由表面流速散度与水体内部涡旋的对应关系是由涡旋导致的垂向速度变化引起的。这一对应关系的确立，为利用雷达、航拍、卫星所得大范围水体表面观测资料分析水体内部水动力特性提供了借鉴。

（4）长江口北槽枯季大潮期间，北槽下段盐淡水混合过程中存在水平尺度为 56～61m K‐H 涡，K‐H 不稳定性的存在加速盐淡水垂向混合进程，并使水体紊动增强。

利用非静压模型 NHWAVE 对长江口北槽的一次枯季大潮过程进行了垂向二维模拟，模型能够较准确的模拟长江口北槽径流、潮流引起的盐淡水混合过程。在此次模拟时间内，北槽下段距离 CS0 测站 48～51km 范围内模拟出 K‐H 涡的存在，K‐H 涡出现在涨急与涨憩之间，持续时间约为 2.5h；K‐H 涡的水平尺度在 56～61m；K‐H 涡出现在水体中部，垂向尺度约为 6～7m，这与国外学者在河口观测到的 K‐H 涡尺度相符。K‐H 不稳定性发生区域盐淡水垂向混合速率加快，水体紊动增强。

（5）在盐淡水混合计算过程中，非静压模型与静压模型计算结果差异最大的物理量为垂向流速，主要原因是两者的盐淡水混合机制存在差别。

通过对比非静压模型与静压模型计算结果，得到两种模型计算结果差异较大的区域位于 K‐H 涡存在区域，差别最大的物理量为垂向流速，非静压模型计算得到垂向流速在 K‐H 涡存在区域要比静压模型结果大 2～3 个数量级。造成非静压模型与静压模型计算差异的主要原因是两者的盐淡水混合机制存在差别，静压模型由于基于静压假设，忽略了动压及流速的垂向加速度，盐淡水混合主要依靠水平对流扩散，无法准确模拟盐淡水的垂向混合，而非静压模型精确求解了动压值，盐淡水混合过程中既有水平向的对流扩散，也考虑了垂向的对流扩散，所以能够更准确地模拟盐淡水的垂向混合过程。

（6）在 K－H 涡形成过程中，动压所起作用主要是通过水平梯度施加的。

通过对比静压和动压在 K－H 涡形成过程中水平梯度和垂向梯度的比值，动压的垂向梯度明显小于静压的垂向梯度。而动压的水平梯度在大部分区域与静压水平梯度在量级上是相当的，在盐跃层附近动压的水平梯度甚至可以比静压水平梯度大 2 个数量级。因此，认为动压在 K－H 涡形成过程中所起作用主要是通过水平梯度施加的。

6.2　研究展望

河口盐淡水混合过程受径流、潮流、风、波浪等动力因素影响，水动力条件复杂。本书对于长江口北槽枯季大潮盐淡水混合过程的模拟分析，是研究 K－H 涡在河口盐淡水垂向混合中作用的一次尝试。在以后的研究中，将从以下三个方面深入研究河口的盐淡水垂向混合问题：

（1）在实际算例中进一步验证 PDI 方法，包括在复杂水动力条件下计算精度问题以及长时间数值模拟误差累积问题。

（2）用多普勒回声仪对长江口北槽枯季大潮期间密度顺流纵剖面进行测量，验证长江口北槽 K－H 涡的空间尺度及存在时间。并对长江口北槽下段水动力过程进行局部高精度三维模拟，研究 K－H 涡的三维特性。

（3）研究指数型河口宽度放大效应对河口盐淡水混合过程中 K－H 涡尺度和特性的影响。

参 考 文 献

Atsavapranee P, Gharib M, 1997. Structures in stratified plane mixing layers and the effects of cross—shear [J]. *Journal of Fluid Mechanics*, 342: (342): 53 – 86.

Auclair F, Estournel C, Floor J W, et al., 2011. A non – hydrostatic algorithm for free – surface ocean modelling [J]. *Ocean Modelling*, 36 (1 – 2): 49 – 70.

Baines P G, 1984. A unified description of two – layer flow over topography [J]. *Journal of Fluid Mechanics*, 146 (146): 127 – 167.

Baines P G, 1997. Topographic Effects in Stratified Flows [J]. *Eos Transactions American Geophysical Union*, 77 (16): 151 – 151.

Barad M F, Fringer O B, 2010. Simulations of shear instabilities in interfacial gravity waves [J]. *Journal of Fluid Mechanics*, 644 (644): 61 – 95.

Becherer J, Burchard H, Flöser G, et al., 2011. Evidence of tidal straining in well – mixed channel flow from micro – structure observations [J]. *Geophysical Research Letters*, 38 (17): 136 – 147.

Berntsen J, Furnes G, 2005. Internal pressure errors in sigma – coordinate ocean models—sensitivity of the growth of the flow to the time stepping method and possible non – hydrostatic effects [J]. *Continental Shelf Research*, 25 (7): 829 – 848.

Berntsen J, Xing J, Alendal G, 2006. Assessment of non – hydrostatic ocean models using laboratory scale problems [J]. *Continental Shelf Research*, 26 (12 – 13): 1433 – 1447.

Berntsen J, Xing J, Davies A M, 2008. Numerical studies of internal waves at a sill: Sensitivity to horizontal grid size and subgrid scale closure [J]. *Continental Shelf Research*, 28 (10): 1376 – 1393.

Berselli L C, Fischer P F, Iliescu T, et al., 2011. Horizontal Large Eddy Simulation of Stratified Mixing in a Lock – Exchange System [J]. *Journal of Scientific Computing*, 49 (1): 3 – 20.

Bourgault D, Kelley D E, 2004. A Laterally Averaged Nonhydrostatic Ocean Model [J]. *Journal of Atmospheric & Oceanic Technology*, 21 (12): 1910 – 1924.

Bourgault D, Saucier F J, Lin C A, 2001. Shear instability in the St. Lawrence Estuary, Canada: A comparison of fine – scale observations and estuarine circulation model results [J]. *Journal of Geophysical Research Oceans*, 106 (C5): 9393 – 9409.

Bowden K F, 1981. Turbulent mixing in estuaries [J]. *Ocean Management*, 6 (2 - 3): 117 - 135.

Bradford S F, 2000. Numerical Simulation of Surf Zone Dynamics [J]. *Journal of Waterway Port Coastal & Ocean Engineering*, 126 (1): 1 - 13.

Bradford S F, 2011. Nonhydrostatic Model for Surf Zone Simulation [J]. *Journal of Waterway Port Coastal & Ocean Engineering*, 137 (4): 163 - 174.

Casulli V, 1999. Semi - implicit finite difference method for non - hydrostatic, free - surface flow [J]. *International Journal for Numerical Methods in Fluids*, 30 (4): 425 - 440.

Casulli V, Stelling G S, 1998. Numerical Simulation of 3D Quasi - Hydrostatic, Free - Surface Flows [J]. *Journal of Hydraulic Engineering*, 124 (7): 678 - 686.

Caulfield C P, Peltier W R, 1994. Three dimensionalization of the stratified mixing layer [J]. *Physics of Fluids*, 6 (12): 3803 - 3805.

Caulfield C P, Peltier W R, 2000. The anatomy of the mixing transition in homogeneous and stratified free shear layers [J]. *Journal of Fluid Mechanics*, 413 (413): 1 - 47.

Caulfield C P, Yoshida S, Peltier W R, 1996. Secondary instability and three - dimensionalization in a laboratory accelerating shear layer with varying density differences [J]. *Dynamics of Atmospheres & Oceans*, 23 (1 - 4): 125 - 138.

Chen C, Liu H, Beardsley R C, 2003. An Unstructured Grid, Finite - Volume, Three - Dimensional, Primitive Equations Ocean Model: Application to Coastal Ocean and Estuaries [J]. *Journal of Atmospheric & Oceanic Technology*, 20 (20): 159 - 186.

Chen X J, 2003. A fully hydrodynamic model for three - dimensional, free - surface flows [J]. *International Journal for Numerical Methods in Fluids*, 42 (9): 929 - 952.

Chickadel C C, Talke S A, Horner - Devine A R, et al., 2011. Infrared - Based Measurements of Velocity, Turbulent Kinetic Energy, and Dissipation at the Water Surface in a Tidal River [J]. *IEEE Geoscience & Remote Sensing Letters*, 8 (5): 849 - 853.

Corcos G M, Sherman F S, 2006. Vorticity concentration and the dynamics of unstable free shear layers [J]. *Journal of Fluid Mechanics*, 73 (2): 241 - 264.

Cui, 2013. A New Numerical Model for Simulating the Propagation of and Inundation by Tsunami Waves [D]. Delft: Delft Univer sity.

Cui H, Stelling G S, Pietrzak J D, 2014. Optimal dispersion with minimized Poisson equations for non - hydrostatic free surface flows [J]. *Ocean Modelling*, 81 (9): 1 - 12.

Cummins P F, 2000. Stratified flow over topography: time - dependent comparisons between model solutions and observations [J]. *Dynamics of Atmospheres &*

Oceans，33（1）：43－72.

Cummins P F，Armi L，Vagle S，2006. Upstream Internal Hydraulic Jumps ［J］. *Journal of Physical Oceanography*，36（5）：753－769.

Cummins P F，Vagle S，Armi L，et al.，2003. Stratified Flow over Topography： Upstream Influence and Generation of Nonlinear Internal Waves ［J］. *Proceedings Mathematical Physical & Engineering Sciences*，459（2034）：1467－1487.

Davidson P A，2004. *Turbulence：An Introduction for Scientists and Engineers* ［M］. Oxford：Oxford University Press.

Dietrich D，Lin C A，2002. Effects of hydrostatic approximation and resolution on the simulation of convective adjustment ［J］. *Tellus Series A－dynamic Meteorology & Oceanography*，54（1）：34－43.

Dyer K R，1998. Estuaries：A Physical Introduction ［M］. Chichester：Wiley.

Farmer D M，Freeland H J，1983. The Physical Oceanography of Fjords ［J］. *Progress in Oceanography*，12（2）：141，147，195－194，219.

Farmer D M，Smith J D，1980. Tidal interaction of stratified flow with a sill in Knight Inlet ［J］. *Deep Sea Research Part A Oceanographic Research Papers*，27（3）：210，235，239，247－246，254.

Fringer O B，Gerritsen M，Street R L，2006. An unstructured－grid，finite－volume，nonhydrostatic，parallel coastal ocean simulator ［J］. *Ocean Modelling*，14（3）：139－173.

Fructus D，Carr M，Grue J，et al.，2009. Shear－induced breaking of large internal solitary waves ［J］. *Journal of Fluid Mechanics*，620（620）：1－29.

Ga L，2006. The hydraulics of steady two－layer flow over a fixed obstacle ［J］. *Journal of Fluid Mechanics*，254（－1）：605－633.

Gade H G，Edwards A，1980. *Deep Water Renewal in Fjords*. New York：Springer US.

Geyer W R，Lavery A C，Scully M E，et al.，2010. Mixing by shear instability at high Reynolds number. *Geophysical Research Letters*，37（22）：507－514.

Geyer W R，Ralston D K，2011. The Dynamics of Strongly Stratified Estuaries ［M］// *Treatise on Estuarine and Coastal Science*. Elsevier Science Publishing Co Inc.，US：37－51.

Geyer W R，Smith J D，1987. Shear Instability in a Highly Stratified Estuary ［J］. *Journal of Physical Oceanography*，17（10）：1668－1679.

Goldstein S，1931. On the Stability of Superposed Streams of Fluids of Different Densities ［J］. *Proceedings of the Royal Society of London*，41（1）：524－548.

Hallberg R，2000. Time Integration of Diapycnal Diffusion and Richardson Number

Dependent Mixing in Isopycnal Coordinate Ocean Models [J]. *Monthly Weather Review*, 128 (5): 1402 – 1419.

Harlow F, Welch J, 1965. Numerical Calculations of Time – Dependent Viscous Incompressible Flow of Fluid with Free Surfaces [J]. Physics of Fluids, 8 (12): 2182.

Havnø K, Madsen M N, Dørge J, et al. , 1995. MIKE 11 – a generalized river modelling package [J]. *Computer Models of Watershed Hydrology*, 22 (8): 38 – 43.

Hazel P, 1972. Numerical studies of the stability of inviscid stratified shear flows [J]. *Journal of Fluid Mechanics*, 51 (1): 39 – 61.

Hazel P, 2006. Numerical studies of the stability of inviscid stratified shear flows [J]. *Journal of Fluid Mechanics*, 51 (1): 39 – 61.

Helmholtz H V, 2006. Die Energie der Wogen und des Windes [J]. *Annalen Der Physik*, 277 (12): 641 – 662.

Hirt C W, Nichols B D, 1981. Volume of fluid (VOF) method for the dynamics of free boundaries [J]. *J. comput. phys*, 39 (1): 201 – 225.

Howard L N, 1961. Note on a paper of John W. Miles [J]. *Journal of Fluid Mechanics*, 10 (4): 509 – 512.

Imberger J, 1998. *Flux paths in a stratified lake: A review* [J]: American Geophysical Union, 54: 1 – 17.

Jankowski J A, 1999. A non – hydrostatic model for free surface flows [D]. Hannover: Leibniz University Hannover.

Johns B, 1991. The modelling of the free surface flow of water over topography [J]. *Coastal Engineering*, 15 (3): 257 – 278.

Johns B, Xing J, 1993. Three – dimensional modelling of the free surface turbulent flow of water over a bedform [J]. *Continental Shelf Research*, 13 (7): 705 – 721.

Kanarska Y, Maderich V, 2003. A non – hydrostatic numerical model for calculating free – surface stratified flows [J]. *Ocean Dynamics*, 53 (3): 176 – 185.

Keilegavlen E, Berntsen J, 2009. Non – hydrostatic pressure in – coordinate ocean models [J]. *Ocean Modelling*, 28 (4): 240 – 249.

Kelvin, L. , Hydrokinetic solutions and observations.

Klaassen G P, Peltier W R, 1985. Evolution of finite amplitude Kelvin – Helmholtz billows in two spatial dimensions [J]. *Journal of the Atmospheric Sciences*, 42 (12): 1321 – 1339.

Klingbeil K, Burchard H, 2013. Implementation of a direct nonhydrostatic pressure gradient discretisation into a layered ocean model [J]. *Ocean Modelling*, 65 (5): 64 – 77.

148

Klymak J M, Gregg M C, 2003. The Role of Upstream Waves and a Downstream Density Pool in the Growth of Lee Waves: Stratified Flow over the Knight Inlet Sill [J]. *Journal of Physical Oceanography*, 33 (7): 1446 – 1461.

Kolmogorov A N, 1942. Equations of turbulent motion in an incompressible fluid. Dokl. Akad. Nauk. SSSK, 6 (6): 56 – 58.

Lai Z, Chen C, Cowles G W, et al. , 2010. A nonhydrostatic version of FVCOM: 2. Mechanistic study of tidally generated nonlinear internal waves in Massachusetts Bay [J]. *Journal of Geophysical Research Oceans*, 115 (C12).

Lamb K G, 2004. On Boundary – Layer Separation and Internal Wave Generation at the Knight Inlet Sill [J]. *Proceedings Mathematical Physical & Engineering Sciences*, 460 (2048): 2305 – 2337.

Lamb K G, 2014. Internal Wave Breaking and Dissipation Mechanisms on the Continental Slope/Shelf [J]. *Annual Review of Fluid Mechanics*, 46 (1): 231 – 254.

Lamb K G, Farmer D, 2011. Instabilities in an Internal Solitary – like Wave on the Oregon Shelf [J]. *Journal of Physical Oceanography*, 41 (1): 67 – 87.

Lavery A C, Chu D, Moum J N, 2009. Measurements of acoustic scattering from zooplankton and oceanic microstructure using a broadband echosounder [J]. *Ices Journal of Marine Science*, 67 (2): 379 – 394.

Leer B V, 1974. Towards the ultimate conservative difference scheme. II. Monotonicity and conservation combined in a second – order scheme [J]. *Journal of Computational Physics*, 14 (4): 361 – 370.

Lesieur M, 1987. Turbulence in fluids: Stochastic and numerical modeling [M]. Boston: Kluwer Academic Publishers.

Li Z, Johns B, 2015. A numerical method for the determination of weakly non – hydrostatic non – linear free surface wave propagation [J]. *International Journal for Numerical Methods in Fluids*, 35 (3): 299 – 317.

Liang Q, Marche F, 2009. Numerical resolution of well – balanced shallow water equations with complex source terms [J]. *Advances in Water Resources*, 32 (6): 873 – 884.

Lin P, Li C W, 2002. A σ – coordinate three – dimensional numerical model for surface wave propagation [J]. *International Journal for Numerical Methods in Fluids*, 38 (11): 1045 – 1068.

Lin P, Liu L F, 1998. Turbulence transport, vorticity dynamics, and solute mixing under plunging breaking waves in surf zone [J]. *Journal of Geophysical Research Oceans*, 103 (C8): 15677 – 15694.

Lin P, Liu L F, 2000. A numerical study of breaking waves in the surf zone [J].

Journal of Fluid Mechanics, 359 (359): 239 – 264.

Ma G, Kirby J T, Shi F, 2013. Numerical simulation of tsunami waves generated by deformable submarine landslides [J]. *Ocean Modelling*, 69 (3): 146 – 165.

Ma G, Shi F, Kirby J T, 2012. Shock – capturing non – hydrostatic model for fully dispersive surface wave processes [J]. *Ocean Modelling*, 43 – 44 (22 – 35): 22 – 35.

MacDonald D G, Horner – Devine A R, 2008. Temporal and spatial variability of vertical salt flux in a highly stratified estuary [J]. *Journal of Geophysical Research Oceans*, 113C09022.

Mahadevan A, Oliger J, Street R, 1996. A Nonhydrostatic Mesoscale Ocean Model. Part I: Well – Posedness and Scaling [J]. *Journal of Physical Oceanography*, 26 (9): 1868 – 1880.

Marshall J, Hill C, Perelman L, et al. , 1997. Hydrostatic, quasi – hydrostatic, and nonhydrostatic ocean modeling [J]. *Journal of Geophysical Research Atmospheres*, 102 (C3): 5733 – 5752.

Michallet H, Ivey G N, 1999. Experiments on mixing due to internal solitary waves breaking on uniform slopes [J]. *Journal of Geophysical Research Oceans*, 104 (C6): 13467 – 13477.

Miles J W, 1961. ON THE STABILITY OF HETEROGENEOUS SHEAR FLOWS [J]. *Journal of Fluid Mechanics*, 10 (2): 496 – 508.

Moum J N, Nash J D, Smyth W D, 2010. Narrowband Oscillations in the Upper Equatorial Ocean. Part I: Interpretation as Shear Instabilities. *Journal of Physical Oceanography*, 41 (3): 397 – 411.

Nachtigall M J, Schwartz L B, 2003. Structure and Generation of Turbulence at Interfaces Strained by Internal Solitary Waves Propagating Shoreward over the Continental Shelf [J]. *Journal of Physical Oceanography*, 33 (1): 2093 – 2112.

Namin M M, Lin B, Falconer R A, 2015. An implicit numerical algorithm for solving non – hydrostatic free – surface flow problems [J]. *International Journal for Numerical Methods in Fluids*, 35 (3): 341 – 356.

Nash J D, Moum J N, 2005. River plumes as a source of large – amplitude internal waves in the coastal ocean [J]. *Nature*, 437 (7057): 400 – 403.

Özgökmen T M, Fischer P F, Duan J, et al. , 1953. Three – Dimensional Turbulent Bottom Density Currents from a High – Order Nonhydrostatic Spectral Element Model [J]. *Journal of Physical Oceanography*, 34 (9): 2006.

Özgökmen T M, Fischer P F, Duan J, et al. , 2004. Entrainment in bottom gravity currents over complex topography from three – dimensional nonhydrostatic simulations [J]. *Geophysical Research Letters*, 31 (13): 741 – 746.

150

Özgökmen T M，Iliescu T，Fischer P F，2009. Large eddy simulation of stratified mixing in a three – dimensional lock – exchange system ［J］. *Ocean Modelling*，26 （3）：134 – 155.

Özgökmen T M，Iliescu T，Fischer P F，et al.，2007. Large eddy simulation of stratified mixing in two – dimensional dam – break problem in a rectangular enclosed domain ［J］. *Ocean Modelling*，16 （1 – 2）：106 – 140.

Özgökmen T M，Johns W E，Peters H，et al.，2002. Turbulent Mixing in the Red Sea Outflow Plume from a High – Resolution Nonhydrostatic Model ［J］. *Journal of Physical Oceanography*，33 （33）：1846 – 1869.

Patnaik P C，Sherman F S，Corcos G M，2006. A numerical simulation of Kelvin – Helmholtz waves of finite amplitude ［J］. *Journal of Fluid Mechanics*，73 （2）：215 – 240.

Peltier W R，2001. Reply to Comment on the Paper 'On Breaking Internal Waves over the Sill in Knight Inlet' ［J］. *Proceedings Mathematical Physical & Engineering Sciences*，457 （2016）：2831 – 2834.

Plant W J，Branch R，Chatham G，et al.，2009. Remotely sensed river surface features compared with modeling and in situ measurements ［J］. *Journal of Geophysical Research Atmospheres*，114 （C11）：327 – 343.

Pu X，Shi J Z，Hu G D，et al.，2015. Circulation and mixing along the North Passage in the Changjiang River estuary, China ［J］. *Journal of Marine Systems*，148：213 – 235.

Queney P，1948. *The problem of airflow over mountains：A summary of theoretical studies* ［J］. New Phytologist，34 （2）：151 – 154.

Reeuwijk M V，2002. Efficient simulation of non – hydrostatic free – surface flow ［D］. Delft：Delft University of Technology.

Reynolds O，2011. An Experimental Investigation of the Circumstances Which Determine Whether the Motion of Water Shall Be Direct or Sinuous，and of the Law of Resistance in Parallel Channels. ［Abstract］ ［J］. *Proceedings of the Royal Society of London*，35：84 – 99.

Ritter A，Muñoz – Carpena R，2013. Performance evaluation of hydrological models：Statistical significance for reducing subjectivity in goodness – of – fit assessments ［J］. *Journal of Hydrology*，480 （4）：33 – 45.

Rockwell G W，Farmer D M，1989. Tide – Induced Variation of the Dynamics of a Salt Wedge Estuary ［J］. *Journal of Physical Oceanography*，19 （19）：1060 – 1072.

Rodi W，1987. Examples of calculation methods for flow and mixing in stratified fluids ［J］. *Journal of Geophysical Research Oceans*，92 （C5）：5305 – 5328.

Roe P L，1986. Characteristic – Based Schemes for the Euler Equations ［J］. *Annual*

Review of Fluid Mechanics, 18 (1): 337 – 365.

Scinocca J F, 1996. The Mixing of Mass and Momentum by Kelvin – Helmboltz Billows [J]. *Journal of the Atmospheric Sciences*, 52 (14): 2509 – 2530.

Scotti A, Mitran S, 2008. An approximated method for the solution of elliptic problems in thin domains: Application to nonlinear internal waves [J]. *Ocean Modelling*, 25 (3): 144 – 153.

Shchepetkin A F, Mcwilliams J C, 2005. The regional oceanic modeling system (ROMS): a split – explicit, free – surface, topography – following – coordinate oceanic model [J]. *Ocean Modelling*, 9 (4): 347 – 404.

Shi F, Kirby J T, Harris J C, et al., 2012. A high – order adaptive time – stepping TVD solver for Boussinesq modeling of breaking waves and coastal inundation [J]. *Ocean Modelling*, 43 – 44 (2): 36 – 51.

Shi J, Tong C, Yan Y, et al., 2014. Influence of varying shape and depth on the generation of tidal bores [J]. *Environmental Earth Sciences*, 72 (7): 2489 – 2496.

Smagorinsky J S, 1963. General Circulation Experiments with the Primitive Equations [J]. *Monthly Weather Review*, 91 (3): 99 – 164.

Smyth W D, 1999. Dissipation – range geometry and scalar spectra in sheared stratified turbulence [J]. *Journal of Fluid Mechanics*, 401 (401): 209 – 242.

Smyth W D, Moum J N, 2012. Ocean Mixing by Kelvin – Helmholtz Instability [J]. *Oceanography*, 25 (2): 140 – 149.

Smyth W D, Moum J N, Caldwell D R, 2001. The Efficiency of Mixing in Turbulent Patches: Inferences from Direct Simulations and Microstructure Observations [J]. *Journal of Physical Oceanography*, 31 (8): 1969 – 1992.

Smyth W D, Moum J N, Nash J D, 2010. Narrowband Oscillations in the Upper Equatorial Ocean. Part Ⅱ: Properties of Shear Instabilities [J]. *Journal of Physical Oceanography*, 41 (3): 412 – 428.

Stacey M T, Burau J R, Monismith S G, 2001. Creation of residual flows in a partially stratified estuary [J]. *Journal of Geophysical Research Oceans*, 106 (C8): 17013 – 17037.

Stansby P K, Zhou J G, 2015. Shallow – water flow solver with non – hydrostatic pressure: 2D vertical plane problems [J]. *International Journal for Numerical Methods in Fluids*, 28 (3): 541 – 563.

Staquet C, 2000. Mixing in a stably stratified shear layer: two – and three – dimensional numerical experiments [J]. *Fluid Dynamics Research*, 27 (6): 367 – 404.

Staquet C, Bouruet – Aubertot P, 2001. Mixing in weakly turbulent stably stratified flows [J]. *Dynamics of Atmospheres & Oceans*, 34 (2 – 4): 81 – 102.

Stelling G, Zijlema M, 2003. An accurate and efficient finite – difference algorithm for non – hydrostatic free – surface flow with application to wave propagation [J]. *International Journal for Numerical Methods in Fluids*, 43 (1): 1 – 23.

Stelling G S, 1983. On the construction of computational methods for shallow water flow problems [J]. *Applied Sciences*.

Stommel H, Farmer H G, 1953. Control of Salinity in an Estuary by a Transition [J]. Jour Marine, 12 (1): 13 – 20.

Sun C, Smyth W D, Moum J N, 1998. Dynamic instability of stratified shear flow in the upper equatorial Pacific [J]. *Journal of Geophysical Research Oceans*, 103 (C5): 10323 – 10337.

Taylor G I, 1927. An Experiment on the Stability of Superposed Streams of Fluid [J]. *Mathematical Proceedings of the Cambridge Philosophical Society*, 23 (6): 730 – 731.

Taylor G I, 1931. Effect of Variation in Density on the Stability of Superposed Streams of Fluid [J]. *Proceedings of the Royal Society of London*, 132 (820): 499 – 523.

Tedford E W, Carpenter J R, Pawlowicz R, et al., 2009. Observation and analysis of shear instability in the Fraser River estuary [J]. *Journal of Geophysical Research Oceans*, 114 (C11).

Thorpe S A, 1999. On the Breaking of Internal Waves in the Ocean [J]. *Journal of Physical Oceanography*, 29 (9): 2433 – 2441.

Thorpe S A, 2006a. Experiments on instability and turbulence in a stratified shear flow [J]. *Journal of Fluid Mechanics*, 61 (4): 731 – 751.

Thorpe S A, 2006b. Experiments on the instability of stratified shear flows: miscible fluids [J]. *Journal of Fluid Mechanics*, 46 (2): 299 – 319.

Troy C D, Koseff J R, 2005. The instability and breaking of long internal waves [J]. *Journal of Fluid Mechanics*, 543 (543): 107 – 136.

Vlasenko V, Stashchuk N, Mcewan R, 2013. High – resolution modelling of a large – scale river plume [J]. *Ocean Dynamics*, 63 (11 – 12): 1307 – 1320.

Wang B, Fringer O B, Giddings S N, et al, 2009. High – resolution simulations of a macrotidal estuary using SUNTANS [J]. *Ocean Modelling*, 28 (1 – 3): 167 – 192.

Warren I R, Bach H K, 1992. MIKE 21: a modelling system for estuaries, coastal waters and seas [J]. *Environmental Software*, 7 (4): 229 – 240.

Woods J D, 2006. Wave – induced shear instability in the summer thermocline [J]. *Journal of Fluid Mechanics*, 32 (4): 791 – 800.

Wu H, Zhu J, 2010. Advection scheme with 3rd high – order spatial interpolation at the middle temporal level and its application to saltwater intrusion in the Changjiang Estuary [J]. *Ocean Modelling*, 33 (1): 33 – 51.

Young C C，Wu C H，2009. An efficient and accurate non – hydrostatic model with embedded Boussinesq – type like equations for surface wave modeling ［J］. *International Journal for Numerical Methods in Fluids*，60（1）：27 – 53.

Young C C，Wu C H，2010. A σ – coordinate non – hydrostatic model with embedded Boussinesq – type – like equations for modeling deep – water waves ［J］. *International Journal for Numerical Methods in Fluids*，63（12）：1448 – 1470.

Yuan H，Wu C H，2004a. An implicit three – dimensional fully non – hydrostatic model for free – surface flows ［J］. *International Journal for Numerical Methods in Fluids*，46（7）：709 – 733.

Yuan H，Wu C H，2004b. A two – dimensional vertical non – hydrostatic σ model with an implicit method for free – surface flows ［J］. *International Journal for Numerical Methods in Fluids*，44（8）：811 – 835.

Zhou J，Adrian R J，Balachandar S，et al.，2015. Mechanisms for generating coherent packets of hairpin vortices in channel flow ［J］. *Journal of Fluid Mechanics*，387（10）：353 – 396.

Zhou J G，Causon D M，Mingham C G，et al.，2001. The Surface Gradient Method for the Treatment of Source Terms in the Shallow – Water Equations ［J］. *Journal of Computational Physics*，168（1）：1 – 25.

Zhou M，1998. Influence of Bottom Stress on the Two – layer Flow Induced by Gravity Currents in Estuaries ［J］. *Estuarine Coastal & Shelf Science*，46（6）：811 – 825.

Zhu D Z，Lawrence G A，2000. Non – hydrostatic effects in layered shallow water flows ［J］. *Journal of Fluid Mechanics*，355（355）：1 – 16.

Zijlema M，Stelling G，Smit P，2011. SWASH：An operational public domain code for simulating wave fields and rapidly varied flows in coastal waters ［J］. *Coastal Engineering*，58（10）：992 – 1012.

Zijlema M，Stelling G S，2008. Efficient computation of surf zone waves using the nonlinear shallow water equations with non – hydrostatic pressure ［J］. *Coastal Engineering*，55（10）：780 – 790.

艾丛芳. 具有自由表面水流问题模拟研究 ［D］. 大连：大连理工大学，2008.

陈同庆. 基于非静压模型的南海东北部内孤立波数值模拟研究 ［D］. 天津：天津大学，2012.

窦润青，郭文云，葛建忠，等. 长江口北槽落潮分流比变化原因分析 ［J］. 华东师范大学学报（自然科学版），2014，（3）：93 – 104.

房克照，孙家文，尹晶. 近岸波浪传播的非静压数值模型 ［J］. 水科学进展，2015，26（1）：000114 – 000122.

韩其为，何明民. 水库淤积与河床演变的（一维）数学模型 ［J］. 泥沙研究，1987

（3）：16-31.

金元欢，孙志林，1992. 中国河口盐淡水混合特征研究 ［J］. 地理学报（2）：165-173.

李丙瑞，2006. 海洋中的内波及其演变、破碎和所致混合 ［D］. 青岛：中国海洋大学.

李义天，尚全民，1998. 一维不恒定流泥沙数学模型研究 ［J］. 泥沙研究（1）：81-87.

梁建军，杜涛，2012. 海洋内波破碎问题的研究 ［J］. 海洋预报，29（6）：22-29.

罗小峰，陈志昌，2004. 长江口水流盐度数值模拟 ［J］. 水利水运工程学报（02）：29-33.

罗小峰，陈志昌，2006. 长江口北槽近期盐度变化分析 ［J］. 水运工程（11）：79-82.

吕彪，2010. 基于非结构化网格的具有自由表面水波流动数值模拟研究 ［D］. 大连：大连理工大学.

吕彪，白玉川，黎国森，等，2014. 完全三维自由表面非静水压力流动数学模型 II：验证 ［J］. 水力发电学报，33（3）：150-157.

马钢峰，刘曙光，戚定满，2006. 长江口盐水入侵数值模型研究 ［J］. 水动力学研究与进展，21（1）：53-61.

毛汉礼，甘子钧，蓝淑芳，1963. 长江冲淡水及其混合问题的初步探讨 ［J］. 海洋与湖沼，5（3）：183-206.

沈焕庭，朱慧芳，茅志昌，1986. 长江河口环流及其对悬沙输移的影响 ［J］. 海洋与湖沼，17（1）：26-35.

时钟，陈伟民，2000. 长江口北槽最大浑浊带泥沙过程 ［J］. 泥沙研究（1）：28-29.

童朝锋，刘丰阳，邵宇阳，等，2012. 长江口北支崇启大桥处潮位和盐度过程研究 ［J］. 水道港口（04）：291-298.

童朝锋，严以新，诸裕良，2002. 有闸分汊河口的水动力模拟 ［J］. 河海大学学报（自然科学版）：30（5）：103-106.

汪德爟，2011. 计算水力学：理论与应用 ［M］. 北京：科学出版社.

吴祥柏，汪亚平，潘少明，2008. 长江河口悬沙与盐分输运机制分析 ［J］. 海洋学研究，26（4）：8-19.

吴永礼，2013. 海岸动力学 ［J］. 国外科技新书评价（8）：22-22.

杨莉玲，2007. 河口盐水入侵的数值模拟研究 ［D］. 上海：上海交通大学.

张娜，邹国良，2015. 斜坡上波浪破碎与越浪非静压数值模拟 ［J］. 海洋工程，33（2）：32-41.

郑金海，严以新，诸裕良，2002. Three Dimensional Baroclinic Numerical Model for Simulating Fresh and Salt Water Mixing in the Yangtze Estuary ［J］. 中国海洋工程（英文版），16（2）：227-238.

郑金海，诸裕良，2001. 长江河口盐淡水混合的数值模拟计算 ［J］. 海洋通报（04）：1-10.

朱建荣，丁平兴，胡敦欣，2003.2000 年 8 月长江口外海区冲淡水和羽状锋的观测 [J]. 海洋与湖沼，34（3）：249 - 255.

朱建荣，吴辉，顾玉亮，等 .2011. 长江河口北支倒灌盐通量数值分析 [J]. 海洋学研究（3）：1 - 7.

朱建荣，肖成猷，1998. 夏季长江冲淡水扩展的数值模拟 [J]. 海洋学报，20（5）：13 - 22.

诸裕良，严以新，芽丽华，1998. 大江河口三维非线性斜压水流盐度数学模型 [J]. 水利水运工程学报（2）：129 - 138.

邹国良，张庆河，2012. 非静压波浪模型无反射造波 [J]. 海洋工程，30（4）：55 - 61.

邹国良，张庆河，2014. 非静压方程与波作用谱模型的波浪传播嵌套模拟 [J]. 哈尔滨工程大学学报（1）：126 - 131.